AF325336

GUIDE

DES PROPRIÉTAIRES ET DES CULTIVATEURS

DANS LE CHOIX, L'ENTRETIEN ET LA MULTIPLICATION

des

VACHES LAITIÈRES.

1 Fossette de l'épaule
2 Portes du lait de dessus
3 Veines mammaires ou abdominales
4 Portes du lait de dessous
5 Veines des mamelles ou du pis
6 Beurrin
7 Lieu de la ponction dans la météorisation.
Brové par Fugère

GUIDE

DES PROPRIÉTAIRES ET DES CULTIVATEURS

DANS LE CHOIX, L'ENTRETIEN ET LA MULTIPLICATION

DES

VACHES LAITIÈRES

Par M. Eug. TISSERANT,

Professeur d'Hygiène à l'École vétérinaire de Lyon ;
Secrétaire général de la Société d'Agriculture,
Membre de l'Académie des Sciences, Arts et Belles-Lettres
de la même ville ;
Membre correspondant de la Société Impériale et Centrale d'Agriculture
de Paris ,
de la Société Centrale vétérinaire ;
etc., etc.

OUVRAGE ACCOMPAGNÉ DE PLANCHES.

LYON

M. SAVY, LIBRAIRE DE L'ÉCOLE DE MÉDECINE
place Bellecour, 14

PRÉFACE.

Le titre de l'ouvrage que je publie aujourd'hui paraîtra bien ambitieux sans doute. Vouloir servir de guide en même temps à des propriétaires plus ou moins étrangers aux choses de l'agriculture, et à des cultivateurs chaque jour aux prises avec les difficultés de la pratique, implique, en effet, contradiction. Cependant, quelque inconciliables que semblent être les conditions qu'il s'agissait de remplir, je n'ai pas cru impossible de les trouver et de les réaliser. Heureuse ou impuissante, ma tentative témoignera du moins de ma bonne volonté, et sera pour d'autres ou un enseignement et comme un signal placé au devant de l'écueil, ou un jalon pour diriger leurs pas dans la même voie, s'ils la croient bonne et si la carrière n'a pas été bien remplie.

Rassembler dans un cadre restreint des notions aussi précises que le permet l'état de nos connaissances, sur le choix, l'entretien et la multiplication des vaches laitières, dans le double but d'enseigner aux propriétaires à se rendre compte des opérations dont ces animaux peuvent devenir l'objet, et de présenter aux cultivateurs des préceptes économiques de nature à rendre plus lucrative l'exploitation du bétail, préceptes trop souvent négligés par eux, tellé a été mon intention.

Nous ne manquons pas, je le sais, d'ouvrages sur les vaches laitières ; les publications de Guénon, l'étude de son système, en ont fait éclore dont le mérite et l'utilité sont généralement reconnus. Mais leurs auteurs se sont tous proposé un but différent du mien ; ils se bornent à signaler les caractères qui distinguent les bonnes vaches, et, s'ils vont au-delà, c'est pour compléter leurs propres pensées plutôt que pour instruire, ou bien ils embrassent l'histoire entière de l'espèce bovine considérée dans ses divers groupes et au point de vue de ses destinations multiples.

J'ai voulu aussi faire connaître la vache, mais dans ses principales situations économiques, en l'envisageant d'abord comme instrument absolu de production, puis comme moyen de transformation, et enfin comme l'un des facteurs concourant à la propagation de l'espèce. Dans le premier cas, la vache est un animal purement industriel, c'est un agent qui fonctionne en vertu d'une puissance propre, et dont l'effet utile dépend du régime. Telle n'est point sa situation dans les exploitations rurales ; moins isolée, moins indépendante, elle a des relations d'existence et de fonctionnement avec tout ce qui l'entoure et peut même n'être plus qu'un des nombreux rouages de la machine agricole. Alors son choix, son entretien, son emploi, se trouvent subordonnés aux circonstances extérieures ; et c'est dans ce milieu où elle vit ordinairement que je l'ai placée pour en faire l'objet de cette étude.

Désirant être utile à la fois aux propriétaires que la direction d'une exploitation agricole n'aurait point initiés à la connaissance du bétail, et aux cultivateurs qui jugeraient insuffisantes leurs observations personnelles, j'ai cherché à être compris des uns et des autres, et, sans abandonner le flambeau de la science qui doit éclairer le progrès, j'ai négligé, autant que je le pouvais, la théorie pour rester dans le domaine des faits pratiques et de l'application.

Je ne me suis point abusé sur les difficultés de ma tâche. C'est la mission que je remplis dans le département du Rhône, mission que je ne dois qu'à une haute et bienveillante confiance, qui m'a suggéré la pensée de l'entreprendre ; ce sont mes nombreux rapports avec les cultivateurs et les propriétaires qui m'ont inspiré le plan que j'ai suivi. Si je réussis dans son exécution, je le devrai au moins autant aux discussions publiques que j'ai dû soutenir, aux occasions fréquentes qui m'ont été fournies de voir moi-même et de donner des conseils, qu'aux ressources de la science pure.

J'ai consulté, on s'en apercevra aisément, les excellents traités sur la matière de Guénon et de Bardonnet des Martels, de MM. Boussingault, Magne, Villeroy, Collot, Lodieu, De Dampierre, Payen et Richard, etc., et mis à profit les travaux publiés dans les Recueils agricoles et vétérinaires ; M. Lecoq a bien voulu me permettre de prendre dans son savant *Traité sur l'extérieur des animaux domestiques* une page et des dessins concernant l'âge du bœuf, je m'empresse de le consigner ici pour que justice soit rendue à tout le monde.

CONSIDÉRATIONS GÉNÉRALES

sur

L'ESPÈCE BOVINE.

L'espèce bovine est, sans aucun doute, la plus précieuse, la plus utile de toutes les espèces animales destinées par la Providence à vivre sous la dépendance de l'homme, pour servir à ses besoins personnels ou l'aider dans ses travaux.

La force du bœuf, sa rusticité, sa patience, la régularité de sa marche, le rendent très propre à la culture des champs. Sans être sobre, il est peu exigeant sur le choix de la nourriture ; l'herbe des prairies peut suffire à son entretien.

Essentiellement domestique, le bœuf s'habitue avec une égale facilité à vivre dans les pâturages ou dans l'enceinte étroite d'une étable. Sa production, son élevage ne présentent aucune difficulté sérieuse, et son développement est rapide.

Naturellement disposé à s'engraisser, il peut, jeune encore et s'il est bien nourri, acquérir un poids considérable et fournir pour l'alimentation de l'homme une chair succulente et nutritive. Quelle que soit au reste sa destination principale, c'est toujours à l'abattoir qu'il va terminer sa carrière.

A tous ces caractères, à ces mérites, la vache joint celui de donner, presque chaque jour et pendant la plus grande partie de son existence, un produit agréable et sain, consommé à l'état de lait, de beurre ou de fromage, sur la table du riche comme sur celle du pauvre.

Dès l'âge de douze ou quinze mois, le taureau peut concourir utilement à la reproduction de son espèce.

A deux ans, le bœuf paie, par son travail, la nourriture et les soins qu'on lui donne.

A trois ans et même plus tôt, la génisse peut devenir une vache laitière.

L'espèce bovine fournit en outre à l'agriculture un engrais abondant et de bonne qualité.

Enfin l'industrie trouve, après la mort de ces animaux, dans quelques uns de leurs débris cadavériques, des matières qu'elle exploite; tels sont : la peau, que le tannage transforme en un cuir fort et souple; les os, avec lesquels on fabrique une foule de petits objets, ou dont on extrait du phosphore; le suif, employé pour la confection des chandelles, des bougies, des savons; le sang, qui serait un engrais énergique et très riche, mais que réclament les raffineries de sucre et les fabriques de bleu de Prusse; les cornes, dont on fait des boutons, des peignes, etc.; les poils, les onglons, les tendons, que les manufactures, les arts ou l'agriculture utilisent de différentes manières.

La population bovine de la France continentale est évaluée à dix millions d'individus.

C'est une tête de bétail pour une surface de 5 hectares.

L'Angleterre en possède une pour 3 hectares.

L'Irlande   —   une pour 4   —

L'Ecosse   —   une pour 8   —

La Suisse, la Hollande, l'Allemagne, la Belgique, passent pour être plus riches en bestiaux que la France.

Les produits annuels de l'espèce ont été évalués chez nous à 700 millions de francs, ainsi répartis :

        Lait . . . . . . 100 millions.

        Viande. . . . 400   —

        Travail . . . 200   —

Je pense que l'on doit faire une réserve pour le lait, et que le chiffre mentionné ici est trop faible.

Le bœuf a suivi l'homme dans toutes les contrées habitables. Mais l'espèce n'a pas conservé sous les divers climats des caractères économiques uniformes ; elle s'est modifiée selon les conditions d'existence qu'elle a rencontrées, de manière à se diviser en un certain nombre de groupes parfois très distincts, appelés *races*.

Les animaux ont-ils trouvé un régime habituellement substantiel, abondant, assuré, des pâturages gras et fertiles, ils ont pris un grand développement, sont devenus précoces et propres à produire beaucoup de chair, de graisse et de lait.

Ont-ils été appelés à vivre dans des pays accidentés et pauvres en fourrages, à subir des fluctuations dans la température et dans le régime, à supporter de rudes labeurs, ils sont restés plus petits, leur croissance s'est faite plus lentement; mais ils sont devenus plus robustes, plus énergiques, et conséquemment plus aptes à tracer des sillons, à traîner des fardeaux.

Toutefois c'est la domesticité proprement dite qui a été et est encore aujourd'hui pour l'espèce bovine la source la plus commune, la plus puissante des modifications, des changements qu'elle a éprouvés dans sa conformation extérieure et dans ses aptitudes, et qui a eu la plus grande part dans la formation des races actuelles.

En tenant le bétail renfermé dans des étables où il est condamné à un repos absolu, où il trouve une alimentation toujours suffisante et toujours variée, où sa reproduction même est réglée et dirigée, nous exerçons non seulement sur les individus, mais encore sur les races, une action incessante; nous les pétrissons, nous les modelons presque à notre gré, et, suivant l'expression énergique de Geoffroy Saint-Hilaire, nous sommes alors à notre tour des créateurs.

Le nombre des races bovines est considérable, et il se multiplie sans cesse par le fait même de la servitude plus étroite que les progrès de l'agriculture, l'accroissement de la population humaine et la variété des besoins imposent aux animaux de l'espèce. Mais l'analogie qui en résulte pour les conditions d'existence du bétail, les tentatives d'amélioration de races très diverses par des reproducteurs d'un mérite reconnu, tendent à introduire parmi elles une confusion qui les rend de plus en plus difficiles à bien distinguer, et les rapproche d'un type unique que l'on regarde comme plus en rapport avec la destination la plus avantageuse de l'espèce, et plus en harmonie avec les besoins de notre époque.

Toutes les races peuvent entrer dans l'une des trois grandes divisions fondées sur les particularités de conformation, sur les aptitudes et sur la communauté d'origine des individus. Ces divisions comprennent : 1° les races *énergiques* ; 2° les races *lymphatiques* ; 3° les races *mixtes* ou *intermédiaires*.

J'en exposerai plus loin les caractères généraux ; j'y joindrai une indication sommaire des principales races offrant de l'intérêt pour notre pays et spécialement envisagées sous le rapport de la production du lait.

CHAPITRE I.

De la Vache laitière.

La vache réunit en elle tous les caractères, toutes les qualités qui donnent à l'espèce bovine son importance au point de vue de l'agriculture et de l'économie domestique.

Comme le bœuf, elle est un instrument docile de travail, un auxiliaire à la fois économique et puissant. Vive, agile, elle suffit aux travaux des petites exploitations, aux besoins de la culture vinicole. Par ses aptitudes diverses, elle est un agent complexe de production pouvant s'accommoder à presque toutes les situations. Souvent elle est la seule fortune du petit cultivateur et du vigneron, pour qui elle tient lieu de tous les autres animaux domestiques ; tandis qu'autour des grandes villes, dans les contrées riches en pâturáges, et vivant, sans rien faire, à l'étable ou dans les herbages, elle donne d'énormes produits et acquiert beaucoup de valeur.

Cette variété de caractères utiles explique pourquoi les vaches forment plus de la moitié de la population bovine d'un pays agricole ; pourquoi, en France, par exemple, sur dix millions de têtes de bétail, on compte plus de cinq millions de vaches laitières.

La destination de la vache peut être spéciale et déterminée ; elle est souvent complexe. L'animal le plus parfait, le meilleur serait celui qui donnerait beaucoup de lait tout en exécutant les travaux de la ferme. Il n'en est point, malheureusement, qui possèdent à un haut degré cette double aptitude. C'est que la conformation, le tempérament de la bête très propre au travail ne sont point ceux de la bonne laitière, et que le travail prolongé, exigeant beaucoup d'efforts et produisant de la fatigue, est contraire à la sécrétion du lait.

La vache laitière est bien certainement l'instrument le plus puissant de production et de transformation qui ait été mis entre les mains de l'homme. Mais combien de différence on peut signaler entre les individus, selon la taille, le régime, les soins, et enfin selon les dispositions naturelles qui distinguent les races ! Dans une même localité, près d'une bête qui fournit cinq à six cents litres de lait par an, on peut en trouver qui en donnent quinze cents, deux mille et plus, sans réclamer plus de soins ni peut-être beaucoup plus de nourriture.

Ceci est tout simplement un exemple de la supériorité de l'instrument parfait sur l'instrument qui fonctionne mal ; le premier n'exige pas plus d'entretien, de réparations, et fait plus de besogne. Quand on ne veut obtenir qu'un seul produit, il vaut mieux le demander à un plus petit nombre d'animaux très productifs. Dix litres de lait ne coûtent pas tant à obtenir d'une excellente laitière que de deux médiocres ou de trois mauvaises.

C'est assez dire combien il importe au propriétaire, au fermier de pouvoir apprécier les qualités des animaux, au moment de l'achat ou de l'élevage, et de choisir avec connaissance de cause.

Le choix des vaches laitières est une question d'économie politique plus importante que beaucoup de personnes ne le supposent. Je vais en fournir la preuve. Il y a en France au moins cinq millions (1) de vaches en état de porter, auxquelles M. Léonce de Lavergne attribue un rendement annuel moyen de cinq cents litres de lait, dont la moitié serait consommée par le veau. La production du lait serait donc au total de deux milliards cinq cents millions de litres, dont la moitié, à dix centimes le litre, formerait une somme de cent vingt-cinq millions de francs.

---

(1) Le chiffre de quatre millions, indiqué par M. L. de Lavergne, me paraît beaucoup trop faible ; je ne puis l'admettre.

Ce dernier chiffre est certainement au-dessous de la vérité, car on ne saurait admettre que les veaux ne laissent disponible que la moitié de la quantité totale du lait produit. Et, d'un autre côté, on croit assez généralement que nos vaches donnent chacune en moyenne plus de cinq cents litres de lait en douze mois. J'accepte cependant ces données comme base, et je dis que si la grande majorité de nos vaches était bonne, la production du lait serait doublée et atteindrait cinq milliards de litres, dont la moitié, à dix centimes le litre, donnerait une somme de deux cent cinquante millions de francs, c'est-à-dire que le produit annuel de ces animaux, en lait disponible seulement, serait accru de cent vingt-cinq millions de francs. Et je ne fais pas entrer en ligne de compte un croît supérieur en veaux de boucherie et les améliorations qui en résulteraient pour les races et pour l'agriculture.

Guénon estime le produit annuel du lait en argent, pour la vache mauvaise, à . . . . . 16 fr. 42 cent.

— de qualité moyenne, à. 170   09
— bonne, à 365   »

En France, le nombre des vaches médiocres ou mauvaises laitières est considérable, bien plus considérable, certainement, qu'en Angleterre, en Hollande, en Belgique. La faute ne doit point en être imputée au climat de notre pays, à la nature des aliments, au mode d'entretien des animaux, mais surtout au mauvais choix des vaches et au peu de soins qu'on en prend.

« Il n'y a en Angleterre, dit M. Léonce de Lavergne, » aucune espèce de vaches qui dépasse sensiblement

» nos vaches flamandes , nos normandes, nos bre-
» tonnes, pour la quantité et la qualité du lait , ainsi
» que pour la proportion du rendement en lait à la
» quantité de nourriture consommée. Quant aux pro-
» duits de la laiterie , si les fromages anglais sont en
» général supérieurs aux nôtres, le beurre français
» est au-dessus du beurre anglais ; il n'y a rien en
» Angleterre de comparable aux bonnes qualités de
» beurre que produisent la Bretagne et la Normandie.
» Malgré ces avantages incontestables, le produit total
» des vaches anglaises en lait, beurre et fromage dé-
» passe de beaucoup le produit des vaches françaises,
» bien que celles-ci soient plus nombreuses, et sur
» certains points aussi bonnes ou même meilleures
» laitières. C'est la généralité d'une pratique qui peut
» seule donner de grands résultats en agriculture, et
» l'entretien d'une ou plusieurs vaches laitières est
» une pratique universelle en Angleterre. »

Le parallèle si souvent renouvelé de notre agriculture
et de celle de l'Angleterre a donné lieu à bien des
erreurs, à beaucoup de vues fausses ; mais ici, malgré
d'assez graves dissemblances de situation, la comparaison peut être raisonnablement faite, et certes, comme
le prouve éloquemment M. L. de Lavergne , elle n'est
point en notre faveur.

Notre infériorité vient en grande partie de ce que les
propriétaires, les cultivateurs ne s'attachent pas assez
à bien reconnaître et à préciser les signes extérieurs
qui distinguent les bons animaux, et à faire une application raisonnée de cette connaissance au choix des vaches

laitières, et surtout au choix des sujets destinés à être élevés et à servir comme reproducteurs.

Les principes sur lesquels doit reposer un bon choix existent incontestablement. Le travail que je publie aujourd'hui a principalement pour but d'en répandre la connaissance dans les campagnes, par une exposition assez élémentaire, assez claire pour être comprise de tout le monde, je l'espère du moins, et toutefois aussi savante que le permettent l'état actuel de la science et les exigences du cadre que j'ai adopté.

En agriculture, tout est relatif; et ce qui est meilleur ou ce qui convient le mieux dans une situation donnée n'est pas toujours réalisable dans d'autres. Après avoir tracé le tableau des particularités de conformation par où se révèle, dans la vache, l'aptitude à donner du lait, je présenterai quelques considérations propres à guider dans le choix d'une race.

Choix des Vaches laitières.

1° RÈGLES GÉNÉRALES.

Les signes qui font reconnaître l'aptitude laitière des animaux résident dans la forme et dans le développement relatif des organes ou des régions extérieures du corps.

Est-il indispensable, pour bien connaître une vache laitière, de constater toutes les particularités auxquelles l'observation a permis d'attacher un sens ou une valeur relativement à la production du lait? Ou bien ces signes peuvent-ils se résumer en l'un d'entre eux à l'examen

duquel on pourrait se borner pour porter un jugement?

Guénon se rangeait à cette dernière opinion lorsqu'il
créait le système qui porte son nom, et sans s'en rendre
compte, sans doute, il appliquait à l'étude de la vache
laitière un principe fécond d'anatomie philosophique.

Mais en transportant dans le domaine des faits physiologiques des déductions tirées de la seule considération des organes, n'a-t-il pas été entraîné au-delà de
son but, et par cela même fatalement conduit à commettre des erreurs?

Je sais bien que le corps animal n'est pas composé de
pièces totalement indépendantes les unes des autres;
que ces pièces se trouvent liées par une double subor-
dination relative aux fonctions de l'individu et au rôle
particulier que chacune de ces pièces doit remplir,
de telle sorte que leur disposition, leur volume, leur
direction, se trouvent dans certains rapports. Je pourrais même, sans entrer dans des détails de haute
science, en fournir des preuves très évidentes. Dans
les bêtes bovines, par exemple, une tête fine, allongée,
un regard doux, des membres courts, grêles et délicats
indiquent toujours des formes légères, un squelette
peu développé, une peau mince, et en somme une
certaine délicatesse, un certain degré de mollesse dans
l'organisation. Au contraire, une tête épaisse, carrée,
portée avec hardiesse, des membres forts et nerveux
promettent une constitution robuste, des os et des
muscles volumineux, une peau épaisse, de la force,
de la vigueur, et finalement une organisation plus ou
moins grossière et commune.

Ces relations anatomiques et physiologiques sont réelles ; l'observation les constate, la science les enregistre. Mais si l'on peut déduire philosophiquement de l'existence et de la forme d'un organe connu celle d'un autre organe, il est impossible d'arriver sûrement, par voie d'induction, à la notion précise de la puissance de ce dernier et du degré de son activité propre.

Et en ce qui concerne spécialement la vache laitière, je ne crois pas que l'appréciation à faire de ses qualités puisse porter exclusivement, sans erreurs probables, sur un caractère unique, quel qu'il soit.

Voilà du moins ce que me paraît enseigner l'étude pratique des animaux ; et, comme conséquence, je me crois autorisé à formuler les deux propositions suivantes : 1° la seule inspection d'une région du corps ne saurait fournir avec certitude la mesure exacte des facultés laitières de la vache ; 2° la bonne laitière se distingue par plusieurs particularités de conformation dont l'ensemble ne constitue pas un type absolu, invariable. De telle façon que l'on doit trouver de bonnes laitières qui diffèrent plus ou moins, soit des types de convention créés ou adoptés par les observateurs et les savants, soit de certains types réels, le hollandais, l'ayr, le suisse, par exemple, présentés comme supérieurs.

Cet exposé de principes a pour but d'établir qu'il faut faire un examen complet des animaux que l'on veut juger ; qu'il ne suffit pas de bien étudier les caractères positifs révélant des qualités, mais que l'on doit aussi rechercher les caractères négatifs, si l'on veut se mettre en garde contre les fraudes et supercheries, contre toutes les erreurs qu'un examen partiel, précipité, une appréciation trop systématique pourraient faire commettre.

Bien choisir une vache laitière est une opération beaucoup plus difficile que ne le croient bon nombre de personnes. J'espère n'être pas inutile à ceux qui, n'ayant pas d'expérience dans cette matière, voudront s'y instruire.

Il ne sera peut-être pas superflu d'indiquer sommairement ici la manière de procéder, l'ordre à suivre dans l'examen des signes et des circonstances pouvant servir de base au jugement de celui qui veut acheter.

Après une première observation sur l'ensemble de l'animal, sur sa conformation générale, sur son attitude, son état d'embonpoint, sa docilité, on doit se fixer sur son âge réel.

Puis on l'examine en détail, palpant la peau à la naissance de la queue, sur les côtes; touchant les mamelles, les trayons; explorant les veines mammaires et périnéennes, les *portes* du lait.

On passe ensuite en revue et avec détail toutes les régions, toutes les particularités de conformation que nous allons faire connaître, commençant par les marques du système de Guénon, qu'il faut étudier avec le plus grand soin.

Tout en se livrant à cet examen, on voit si la bête n'a pas de maladie extérieure ou de traces d'opérations, d'anciennes plaies, de difformités, etc. On doit aussi la faire marcher pour s'assurer qu'elle ne tousse pas, qu'elle ne boite point.

L'acheteur ne se bornera pas à rechercher des qualités; il lui importe de constater les défauts qui pourraient y être associés.

Enfin, s'il peut obtenir des renseignements positifs sur l'origine de l'animal, sur ses conditions d'entretien et de régime avant la vente, il ne devra point les négliger.

Il ne suffit pas de pouvoir juger, il faut encore savoir acheter, c'est-à-dire savoir résister à toute suggestion, entendre, sans s'y arrêter, les arguments spécieux que tout vendeur emploie pour appeler l'attention sur des qualités évidentes et la détourner de certains défauts; pour tromper sur l'âge, sur le véritable état des mamelles, sur le temps de la plénitude, sur la manière dont la vache a été nourrie, sur sa provenance; enfin pour donner le change sur la signification réelle des marques du système de Guénon.

2° CONFORMATION GÉNÉRALE, BEAUTÉ, ATTITUDE.

Lorsqu'on examine un animal, l'attention se porte d'abord sur sa conformation générale, sur l'ensemble de sa physionomie.

Dans l'espèce chevaline, l'élégance, la beauté des formes ont une valeur commerciale parfois considérable. Un beau cheval est toujours plus recherché, se vend plus cher, à mérite égal d'ailleurs, qu'un autre dont l'aspect plaît moins.

Pour les sujets de l'espèce bovine et particulièrement pour la vache laitière, la considération de la beauté extérieure est tout à fait secondaire. Si le terme abstrait de *beauté* sert à exprimer ici une opinion, c'est en l'appliquant à une réunion de caractères indiquant une lactation abondante ; il est alors synonyme de *bonté*. Aussi M. de Dombasle n'hésitait-il pas à dire que la meilleure vache du troupeau était souvent la plus laide. La bonne laitière, en effet, dans la plupart des races, a les formes un peu anguleuses et comme décousues, la tête mince et allongée, l'encolure grêle, les membres maigres et écartés, le ventre gros et les hanches saillantes. On n'observe pas ordinairement chez elle cette harmonie, ces proportions heureuses qui sont presque toujours les indices de la force, d'une santé florissante, et qui séduisent au premier abord ; sa physionomie est douce, féminine, son attitude en quelque sorte passive ; son regard est limpide plutôt que vif. Elle ne présente jamais dans sa démarche, dans ses mouvements, ces apparences de vigueur ordinaires dans le taureau et le jeune bœuf, ou même dans la vache que la régularité et l'ampleur de ses formes, des membres forts et une constitution robuste disposent au travail.

La beauté, dans la vache laitière, consiste en des particularités de conformation et de structure révélant à l'observateur un tempérament mou, lymphatique, une prédominance marquée des appareils de la digestion et des sécrétions.

David Low, comparant la bête propre au lait à celle qui se fait remarquer par sa disposition à prendre la graisse, dit qu'elle ne doit point avoir, comme cette dernière, la poitrine large et saillante ; au contraire, ses quartiers de devant doivent être légers et ceux de derrière d'une construction relativement plus pesante, plus large et plus profonde. Il ajoute encore que sa peau doit être souple et moelleuse au toucher, son dos droit, ses flancs larges, ses jambes courtes et menues.

Ces indications, qu'un examen général peut fournir, sont bonnes, mais insuffisantes. Il faut se défier de la première impression. Un ensemble de formes agréables peut séduire et tromper ; un extérieur défectueux en apparence cache parfois beaucoup de mérite.

L'habitude de voir des animaux, de les juger, rend bientôt leur examen facile et rapide. On peut y procéder avec plus ou moins de méthode, l'essentiel est qu'on ne néglige aucun des caractères propres à servir de base à l'appréciation.

3° ÉTAT DE SANTÉ. EMBONPOINT.

Une bonne santé est une condition rigoureuse à rechercher dans les animaux que l'on achète.

Un poil brillant, lisse ; des yeux ouverts, nets, clairs, non larmoyants ni châssieux ; une marche régulière, aisée, sans raideur ; des mouvements du flanc réguliers, étendus, faciles ; le mufle humide, le dessous des paupières rose, sont les signes ordinaires de la santé.

Le propriétaire rejettera les bêtes qui tousseront à plusieurs reprises en repos ou après l'exercice, qui porteront des traces de séton, d'opérations chirurgicales, de plaies ou contusions produites par le joug.

Pendant la lactation, les meilleures laitières restent

maigres ou dans un état moyen d'embonpoint. La production de la graisse et celle d'une quantité notable de lait sont, chez le même individu, dans un antagonisme constant. Aussitôt que l'une prédomine, l'autre diminue. La vache qui s'engraisse, sans augmentation de nourriture, perd une partie ou la totalité de son lait. Un embonpoint très prononcé ne peut faire préjuger absolument les qualités laitières d'une vache, mais il est un indice qu'elle n'est pas actuellement en lait.

L'acheteur devra toujours se défier des vaches mises en vente avec des mamelles tendues outre mesure par le lait. Cet artifice grossier n'abuse personne sans doute, mais il ne permet pas de reconnaître si le pis est *charnu, graisseux,* et si la bête est réellement aussi bonne qu'on veut le faire paraître.

4° DOCILITÉ.

Les bonnes laitières sont habituellement douces et tranquilles. Si parfois elles témoignent de l'impatience, de l'ardeur, c'est lorsqu'elles prennent leurs aliments ; car elles ont toujours bon appétit et ne se font pas scrupule de prétendre sur la part réservée à leurs voisins.

La docilité de caractère est l'indice d'un tempérament calme et mou, circonstance favorable à la production du lait. Les bêtes vives, alertes, inquiètes, manquent presque toujours de qualités, et, dans leurs mouvements continuels, font des déperditions inutiles. Elles sont plus exposées que les autres aux accidents et plus difficiles à féconder.

Il serait superflu d'insister pour prouver qu'un animal d'un caractère doux, qui se laisse traire, atteler, panser, etc., sans se défendre, sans se tourmenter, est d'un emploi plus agréable et plus sûr. Ce motif, à mérite à peu près égal, doit toujours lui assurer la préférence.

On repoussera donc une vache qui ne se laissera approcher qu'avec un air de défiance hostile, qui paraîtra chatouilleuse, ne se laissera pas toucher le pis et se défendra à coups de pieds ou autrement.

5° DE L'AGE.

La plupart des cultivateurs ont quelques notions pratiques sur la manière de reconnaître l'âge du bétail; l'habitude de voir des animaux, la nécessité, l'imitation, les traditions du foyer suffisent presque toujours pour conserver, pour transmettre parmi les habitants des campagnes, des connaissances assez précises sur ce sujet.

Je croirais néanmoins, dans un ouvrage de la nature de celui-ci, laisser une lacune fâcheuse si je n'y insérais pas un exposé succinct des caractères indicatifs de l'âge dans les individus de l'espèce bovine, au moins pendant la période de leur vie où il peut être plus utile de le connaître, celle de leur plus forte production. D'ailleurs, à défaut du raisonnement, l'exemple m'en aurait fait une obligation.

L'âge, dans les animaux de l'espèce bovine, se reconnaît par l'inspection des dents et des cornes.

Ce sont surtout les huit dents appelées *incisives* qui

garnissent le bord intérieur de la mâchoire inférieure
que l'on consulte. Ces dents se distinguent (pl. 2, fig. 5)
en *pinces*, 1, 1 ; *premières* mitoyennes, 2, 2 ; *secondes* mitoyennes, 3, 3 ; et *coins*, 4, 4.

Je ne puis mieux faire, pour remplir le but que je
me propose, que d'emprunter au savant *Traité de
l'Extérieur des principaux animaux domestiques* (1),
publié par l'honorable directeur de l'Ecole impériale
vétérinaire de Lyon, les notions concises que je veux
présenter au sujet de l'âge.

« Le veau naît souvent avec les pinces et les pre-
» mières mitoyennes. Lorsqu'il n'a aucune dent en
» venant au monde, on voit apparaître les pinces trois
» ou quatre jours après la naissance ; les premières
» mitoyennes, vers huit ou dix jours ; les secondes,
» vers vingt jours, et les coins viennent achever l'ar-
» cade quatre ou cinq jours après. La mâchoire n'est
» cependant au *rond* que vers cinq à six mois, les
» coins mettant ce temps à compléter leur éruption. »
Les dents incisives du jeune âge sont caduques, elles
doivent tomber successivement et être remplacées par
d'autres incisives destinées à persister tout le temps
de la vie, et que pour cela on appelle *permanentes*.
Mais, avant leur chute, elles éprouvent dans leur forme
et leur aspect des modifications qu'il est indispensable
de connaître.

---

(1) F. Lecoq, *Traité de l'Extérieur du Cheval et des principaux animaux domestiques*. 3ᵉ édition, revue, corrigée et ornée
de 155 figures intercalées dans le texte. In-8°. Paris, 1856, Labé,
éditeur, et Savy, libraire à Lyon.

« L'usure des incisives caduques est très variable,
» suivant le genre de nourriture de l'animal. Dans les
» veaux engraissés au lait pour la boucherie, l'absence
» du frottement retarde l'usure. Mais dans ceux que
» l'on conserve comme élèves, et qui se nourrissent
» d'aliments fibreux, les pinces commencent à s'user
» par leur bord libre à six mois, et complètent leur
» rasement vers dix mois. Le rond formé par les
» incisives commence à s'affaisser par le centre, et
» cet affaissement devient de plus en plus sensible
» par le rasement des autres paires de dents, qui a
» lieu :
» Pour les premières mitoyennes, à un an ;
» Pour les secondes, vers quinze mois ;
» Pour les coins, de dix-huit à vingt mois. (Pl. 2,
» fig. 1.)
» Vers cette dernière époque, les pinces sont chassées
» par leurs remplaçantes, qui se montrent immédiate-
» ment, placées de travers, et se redressent bientôt en
» achevant leur éruption, qui se fait promptement et
» se trouve toujours terminée à deux ans. (Pl. 2, fig. 2.)
» De deux ans et demi à trois ans, le même rempla-
» cement a lieu pour les mitoyennes. (Pl. 2, fig. 3.)
» Les secondes sont remplacées de trois ans et demi
» à quatre ans. (Pl. 2, fig. 4.)
» Enfin, de quatre ans et demi à cinq ans, a lieu le
» remplacement des coins (1) ». (Pl. 2, fig. 5.)

---

(1) Lecoq, *loc. citat.*

Le moment où s'effectue l'éruption des dents incisives permanentes ne saurait être rigoureusement fixé ; il varie dans certaines limites, comme l'indique le tableau suivant. La cause de ces variations réside dans le plus ou moins de précocité de développement des animaux et dans le régime auquel ils sont soumis.

DENTS REMPLACÉES.	GIRARD. (Races tardives.)	LECOQ. (Races communes.)	SIMONDS.		CHRÉTIEN. (Race de Durham.)
			(Races précoces.)	(Moins précoces.)	
Incisives.	18 à 21 mois.	18 à 21 mois.	21 mois.	27 mois.	22 à 25 mois.
1res mitoyennes.	2 à 3 ans.	30 à 36 mois.	27 mois.	33 mois.	28 à 36 mois.
2es mitoyennes.	3 à 4 ans.	42 à 48 mois.	33 mois.	39 mois.	33 à 37 mois.
Coins.........	4 à 5 ans.	54 à 60 mois.	39 mois.	45 mois.	45 à 48 mois.

NOTA. On a vu des bœufs des races durham et charolaise avoir mis toutes leurs dents à 42 et à 36 mois et même plus tôt.

J'emprunte encore à M. Lecoq les indications résultant, pour la connaissance de l'âge de la vache, de l'usure des dents incisives permanentes et des autres changements qu'elles subissent pendant la période qui s'étend de cinq à douze ans.

« De cinq à six ans, les coins achèvent leur érup-
» tion, et ce n'est réellement qu'à cet âge que la mâ-
» choire de l'adulte est au *rond*, quoique déjà le bord
» des pinces ait commencé à s'user, ainsi que la table
» de ces dents, et même celle des mitoyennes, où
» l'usure est moins avancée.

» De six à sept ans, le rasement des pinces s'est for-
» tement avancé, ainsi que celui des premières mi-
» toyennes ; les secondes commencent à s'user.

» De sept à huit ans, l'ovale des pinces est nivelé,
» le rasement des premières mitoyennes est près de
» s'achever, celui des secondes fort avancé, et les
» coins commencent à perdre leur bord tranchant.

» De huit à neuf ans, les coins ont achevé leur rase-
» ment ou à peu près, les mitoyennes sont nivelées,
» et les pinces commencent à présenter une concavité
» en rapport avec la convexité du bourrelet de la mâ-
» choire supérieure.

» A dix ans, le nivellement se propage aux coins ;
» les premières mitoyennes deviennent concaves comme
» les pinces, qui prennent une forme carrée ; l'étoile
» dentaire devient très apparente sur ces deux paires
» d'incisives (1) ».

Les dents rendues plus courtes par l'usure semblent s'écarter les unes des autres. Cet écartement apparent augmente avec l'âge. A douze ans, il est très prononcé ; il ne reste presque plus rien de la partie évasée de la dent (pl. 2, fig. 6) ; et lorsque celle-ci est réduite à sa position arrondie, la mâchoire ne présente plus que des espèces de chicots qui deviennent jaunes et bran-lants.

Dans cette troisième période comprise entre six et douze ans, la détermination de l'âge par les dents

---

(1) Lecoq, *loc. citat.*

présente de l'incertitude, et d'autant plus que l'on se rapproche davantage de cette dernière époque. Au-delà, il n'est plus guère possible de se prononcer. Ajoutons, avec M. Lecoq, que les signes fournis par les dents du bœuf sont toujours bien moins exacts que ceux tirés des dents du cheval. On trouve souvent des animaux de six à huit ans dont la mâchoire marque dix à douze ans.

Quand l'examen des dents n'offre plus à l'observateur que des indices insuffisants ou très incertains, il y supplée par l'inspection des cornes.

« Le veau est à peine né de quelques jours qu'on » sent sur les côtés du chignon le principe de ses » cornes, qui, dans un espace d'une année, forment » deux petits prolongements à surface terne et ru- » gueuse, légèrement contournés, que l'on appelle » *cornillons.*

» Pendant la seconde année, une nouvelle pousse de » la corne a lieu et se trouve séparée de la première » par un sillon peu prononcé.

» Un semblable sillon sépare la pousse de la troisième » année de celle de la deuxième ; mais ces deux dé- » pressions sont peu marquées et paraissent ignorées » de la plupart des éleveurs, qui ne comptent le » premier sillon qu'à partir de l'âge de trois ans. Celui » qui se développe à cette époque est, en effet, beau- » coup plus marqué, et d'autant plus que les autres » commencent déjà à diminuer, pour disparaître plus » tard.

» On peut donc compter pour trois ans la portion

» qui se trouve au delà du premier sillon profond de
» la corne.

» A partir de ce moment, il se forme chaque année
» un nouveau sillon, séparé du précédent par un cer-
» cle, de telle sorte qu'en comptant pour trois ans
» tout ce qui dépasse le premier sillon ou cercle que
» l'on rencontre en se dirigeant vers la base de la corne,
» on trouve ainsi l'âge réel de l'animal, aussi sûrement
» que par les dents dans les premières années, et
» plus sûrement lorsqu'on n'a plus pour indice que le
» rasement des remplaçantes.

» Malheureusement les cornes ne sont pas toujours
» bien régulières dans leur développement, et, dans les
» pays où les bêtes bovines sont soumises à l'usage du
» joug, les cercles sont bientôt effacés par le frotte-
» ment. En outre, lorsque la bête devient vieille, la
» corne se déprime vers la base, et les cercles et les
» sillons, beaucoup moins nets et plus rapprochés,
» peuvent induire en erreur. Cet inconvénient a lieu
» surtout pour la vache (1) ».

L'acheteur doit aussi se mettre en garde contre les
supercheries des marchands qui, pour dissimuler l'âge
des animaux, les faire paraître plus jeunes, effacent les
premiers cercles et polissent les cornes. La blancheur
insolite de la corne à l'endroit où elle a été limée, les
traces des sillons qui restent parfois sur la surface et
que l'on n'a pu faire disparaître entièrement, peuvent
servir à dévoiler la fraude.

---

(1) Lecoq, *loc. citat.*

L'examen attentif des dents permettra presque toujours, dans ces circonstances, de la découvrir.

Le propriétaire qui achète une vache pour en faire
une laitière doit se défier des bêtes de cinq à neuf ans
exposées en vente sur les marchés qui ne sont pas
spécialement destinés au commerce des vaches à fruit.
Dans cette période de leur existence, les bonnes
vaches ne sortent guère de l'étable de leur possesseur
que pour entrer directement dans celle d'un autre.
C'est un avertissement que je donne aux personnes qui
voudraient acheter elles-mêmes sur un champ de foire
et qui ne seraient pas bien sûres de leurs connaissances
sur la matière.

6° CARACTÈRES DISTINCTIFS DE LA BONNE VACHE LAITIÈRE
TIRÉS DES PARTICULARITÉS DE FORME ET D'ÉTENDUE DES
ORGANES.

Dans la description qui va suivre, j'adopterai un
ordre plutôt topographique que physiologique. Le
tableau synoptique et comparatif complet que l'on
trouvera ensuite rétablira les signes, autant que possible, dans l'ordre de leur importance relative.

Tête *légère, sèche, fine, allongée.* Cette conformation marque peu de développement dans les os de
cette partie et même dans ceux de tout le squelette.

Dans les vaches principalement destinées au lait,
comme dans les bêtes de boucherie, un squelette délicat,
des os minces, sont des beautés de premier ordre.

Les os, dans les animaux qui ne travaillent pas,
sont toujours assez gros et assez forts. Plus volumineux,

ils absorberaient à leur profit, pour leur entretien, une partie de la nourriture qui doit fournir les éléments du lait. De plus, une forte charpente osseuse annonce toujours de la vigueur, une constitution robuste, dont la vache laitière n'a pas besoin, qui sont contraires même à la destination spéciale que nous avons en vue.

Mufle *gros, toujours humide, jaunâtre.* — **Bouche** *bien fendue.* — **Lèvres** *mobiles.* — **Dents** *bien placées, larges et blanches.*

Ces particularités coïncident ordinairement avec un grand développement des organes digestifs, un bon appétit, une bonne santé.

Œil *bien ouvert, à fleur de tête.* — **Regard** *doux, limpide, naturel.* — **Paupières** *minces, mobiles, sans rides ni plis* à leur surface, au moins dans les bêtes encore jeunes.

Oreilles *fines, souples,* plutôt grandes que petites, couvertes intérieurement de poils longs, fins, peu nombreux, et d'une matière grasse, jaunâtre, abondante.

Cornes *effilées, d'une structure délicate.*

Ces derniers organes ne donnent que des indices très secondaires, auxquels il ne faut pas attacher trop d'importance, mais qu'on aurait tort de négliger. On trouve de bonnes vaches laitières avec de fortes cornes. Néanmoins, dans une race donnée, on doit préférer celles dont les cornes sont petites. Quand ces parties sont volumineuses, de contexture grossière, compacte, la peau est ordinairement épaisse et dure, les poils nombreux et rudes, ce qui dénote un tempérament rustique, peu favorable à la production du lait, et surtout du bon lait.

On ne peut rien dire de bien utile sur la couleur des cornes, quand on ne l'étudie pas comme caractère distinctif des races.

Encolure plutôt *longue* que courte, *amincie* près de la tête.

Un cou épais, chargé de chairs, est un indice de force et le signe presque certain d'un grand développement dans les quartiers de devant. C'est un caractère que l'on peut rechercher dans les bêtes qui doivent beaucoup travailler, mais non dans la vache laitière, dont la destination réclame une organisation toute différente.

Poitrine *arrondie* plutôt qu'étroite, *courte* plutôt que longue. — **Côtes** *courtes, minces, à courbure prononcée.*

L'ampleur de la poitrine dépend en grande partie du degré de courbure des côtes. Quand cette courbure est forte, très prononcée, la poitrine est arrondie, large et grande. Lorsque les côtes sont redressées, *plates,* la poitrine est étroite et ordinairement peu spacieuse.

On n'est pas bien d'accord sur le degré de développement que doit avoir la poitrine dans les bonnes laitières. Lemaire avait présenté comme étant les meilleurs les caractères suivants : « Poitrine petite, resserrée, et non grande et profonde, sanglée en arrière des épaules ; côtes plates plutôt que rondes ; quartiers de devant légers, peu développés ; quartiers de derrière volumineux, larges, relativement plus pesants ; le tronc ressemblant à un cône dont le sommet est antérieur. »

Avant que Lemaire eût tracé ce tableau de la bonne laitière, David Low avait déjà remarqué dans quelques

races de l'Angleterre la coexistence d'un poitrine étroite
et d'une abondante lactation. Mais c'est Lemaire qui,
après avoir constaté cette particularité sur plusieurs
races excellentes de la France, l'a formulée en loi, et
a tenté d'en donner une explication basée sur la physiologie.

« L'ensemble de la conformation signalée ci-dessus
» annonce, dit-il, que l'élaboration pulmonaire, si
» utile chez la bête d'engrais, qui doit beaucoup assi-
» miler, est portée à un moindre degré chez la bête
» laitière. Les avantages de cette conformation décou-
» lent de ce que l'élaboration respiratoire n'est pas
» assez puissante pour rendre toute la masse du chyle
» assimilable.

» Quand nous disons que les fonctions respiratoires
» sont en opposition avec les fonctions mammaires, et
» que l'élaboration du sang par la respiration n'a pas
» besoin d'être aussi parfaite pour fournir des maté-
» riaux aux sécrétions que pour en fournir à l'assimi-
» lation, c'est-à-dire à la nutrition et à la réparation
» intime et moléculaire de tous les tissus de l'orga-
» nisme, ce n'est pas sans en avoir acquis de nom-
» breuses preuves.

. . . .

» Si la physiologie comparée seule ne pouvait pas
» suffire pour nous convaincre qu'une vaste et puis-
» sante poitrine, indispensable chez la bonne bête
» d'engrais, n'est pas favorable à une abondante lacta-
» tion, nous pourrions avoir recours à la chimie. Elle
» nous montrerait que la composition du lait diffère

» essentiellement de celle des tissus animaux, et se rap-
» proche beaucoup plus de celle des principes végétaux.
» La composition du beurre se rapproche plus de celle
» des graisses végétales que de celle des graisses ani-
» males. La caséine elle-même n'est qu'une substance
» végétale azotée qui ne peut servir à la nutrition des
» organes qu'après une nouvelle transformation et une
» animalisation plus complète, et cela est si vrai qu'on
» ne la rencontre pas dans les tissus animaux, mais
» seulement dans les végétaux, d'où elle passe dans
» le chyle d'abord, dans le sang et dans les mamelles
» ensuite.

» Les plus importants principes du lait ayant une
» composition plus végétale qu'animale, un vaste et
» puissant appareil respiratoire, qui les animaliserait
» davantage, ne pourrait qu'augmenter l'assimilation
» au préjudice de la production du lait. »

A ces considérations l'on peut ajouter les suivantes :
une poitrine d'une grande capacité fait naturellement
supposer que la respiration et la circulation sont larges
et actives, le sang riche, mais en même temps que la
transpiration et l'exhalation pulmonaires opèrent une
soustraction considérable de deux éléments essentiels
à la composition du lait, l'hydrogène et le carbone,
qui eussent peut-être été employés à former de la
graisse ou du lait s'ils fussent restés dans le sang. Les
substances alimentaires, élaborées par une respiration
fréquente, s'animalisent au plus haut degré, et fournissent incessamment à l'organisme les matériaux d'une
féconde réparation.

De telles conditions, où l'on voit, d'une part, le carbone et l'hydrogène trouver dans les poumons une issue obligée, et, d'autre part, l'azote servir à constituer la fibrine des muscles, ne semblent-t-elles pas en opposition avec le but que l'on se propose dans l'entretien des vaches laitières?

A l'appui de son opinion, Lemaire présente des arguments d'un autre ordre : « Dans les races d'engrais,
» dit-il, les mamelles sont ordinairement plus chargées
» de graisse que dans les races à lait mal soignées;
» mais chez les bonnes laitières mises à l'engrais, les
» maniements qui sortent les premiers sont ceux des
» abords de la hampe et de l'avant-lait. C'est surtout
» chez les génisses des familles très laitières, dont les
» mamelles seront un jour très actives, et dont les
» écussons du système Guénon sont très étendus,
» qu'une bonne nourriture fait développer davantage
» les maniements postérieurs que les antérieurs, et
» détermine la fixation d'une grande quantité de graisse
» dans les régions mammaires. Il ne faudrait pas alors
» confondre les pis graisseux avec les pis charnus ;
» car cette plus grande quantité de graisse qui s'est
» déposée plus tôt dans les régions postérieures, atteste
» le plus grand développement des vaisseaux posté-
» rieurs, et indique que si les mamelles reçoivent plus
» de sang pour faire de la graisse, elles recevront
» également plus de sang pour faire du lait.

. . . .

» Si les races d'engrais qui produisent la viande à
» meilleur marché n'ont plus du tout le même aspect,

» elles n'ont pas non plus la même aptitude laitière,
» du moins à un égal degré de possibilité. Chez elles,
» grâce à un puissant appareil respiratoire, les forces
» assimilatrices l'emportent sur les forces sécrétoires.
» Les sécrétions excrémentitielles y sont peu abon-
» dantes. L'élaboration assimilatrice y est plus puis-
» sante que celle des productions muqueuses ; et cela
» à tel point que leur fœtus vivant aux dépens du
» travail de la muqueuse utérine et absorbant sa nour-
» riture par l'intermédiaire du placenta, qui ne man-
» que pas d'analogie avec les muqueuses, est d'autant
» plus petit que ses parents ont plus d'aptitude à
» l'engraissement et moins à la lactation. »

Cette théorie de Lemaire n'a point été adoptée par tout le monde, si bien étayée qu'elle paraisse au premier abord. On peut, au nom de l'économie rurale, y faire de sérieuses objections.

Parce qu'une poitrine exiguë, resserrée, accompagne, dans plusieurs races, une lactation abondante, il ne suit pas que le caractère différent accuse une inaptitude absolue pour le lait, et que la poitrine étroite et la côte plate soient *toujours* une beauté dans la vache laitière. Si l'on s'arrêtait à la première conséquence, on commettrait une double erreur ; car : 1° il est des races à poitrine large et arrondie qui sont excellentes laitières ; 2° dans la pratique, on doit rechercher à la fois les conditions de production et de durée.

En effet, l'expérience prouve que si les vaches à poitrine étroite, sanglée, peuvent être de très abondantes laitières, c'est souvent aux dépens de leur santé. Leurs poumons, insuffisants pour les fonctions qu'ils ont à remplir, se fatiguent et sont prédisposés à contracter la phthisie calcaire ou pommelière.

Ce résultat est presque inévitable quand les animaux sont nourris et logés de manière à imprimer à la sécrétion lactée une activité exceptionnelle, comme on le voit particulièrement aux environs de Paris, où l'on entretient beaucoup de vaches hollandaises et flamandes.

En outre, les vaches à poitrine exiguë produisent un lait moins bon, moins gras ; elles sont peu fécondes et souvent difficiles à engraisser. Leur force de résistance est moindre, et les causes de maladies paraissent avoir plus de prise sur elles.

M. Magne, dans le *Recueil d'Alfort*, année 1853, a combattu énergiquement les idées de Lemaire sur le rôle et les avantages de la poitrine étroite dans les vaches laitières. Cependant il dit, page 200 : « Beau-
» coup de bonnes vaches présentent ces caractères,
» c'est incontestable. Les races françaises les meilleures
» sont, en général, celles qui les offrent au plus haut
» degré. Une poitrine resserrée semble donc être la
» cause de l'activité des mamelles, car la coïncidence de
» ces deux circonstances est tellement fréquente qu'on
» a de la peine à croire qu'elle ne soit que fortuite.

» Et en présence d'un fait presque constant, on con-
» çoit qu'on ait considéré une poitrine étroite comme la
» condition première d'une lactation abondante, et une
» respiration étendue comme rendant les principes du
» sang impropres à la sécrétion du lait ; qu'on nous ait
» enfin donné la poitrine sanglée comme un mal néces-

» saire, auquel il faut se résigner pour pouvoir obtenir
» des vaches des produits abondants en lait. »

L'erreur de Lemaire viendrait donc, puisque la
coïncidence d'une poitrine étroite et d'une lactation
abondante n'est pas contestée, de ce qu'il aurait pris
l'effet pour la cause, et, comme conséquence de cette
première erreur, aurait condamné d'une manière absolue, au point de vue de la production du lait, les
bêtes à poitrine large et arrondie.

Mais enfin, si le rapport signalé par Lemaire existe,
et on l'admet, ne sommes-nous pas autorisé à présenter
la poitrine étroite et sanglée en arrière des épaules
comme étant en général un indice de forte lactation ?
Cause ou effet, cette particularité ne sera-t-elle pas un
signe positif, et pourra-t-on la négliger sans inconsé-
quence ?

Lemaire, observateur judicieux et doué de beaucoup
de perspicacité, paraît d'ailleurs avoir compris que sa
théorie était trop absolue, quand, réfléchissant aux
difficultés d'application, il disait : « Tout en avouant
» le peu de goût que nous ressentons pour la poitrine
» moins vaste et moins puissante, pour les reins longs
» et pour le ventre plus volumineux des bonnes
» vaches laitières ; tout en admettant qu'il vaudrait
» mieux que nos animaux eussent une vaste poitrine et
» fussent en même temps aptes à produire, selon la
» volonté du cultivateur, beaucoup de graisse ou beau-
» coup de lait, nous ne pouvons pas nier que la con-
» formation des meilleures laitières ne soit défavorable
» à l'engraissement. Dès lors, puisqu'en général elles

2.

» sont ainsi faites, seraient-elles mille fois plus désa-
» gréables à l'œil, qu'il faudrait s'y résigner. Toute la
» question est de savoir ce que l'on peut produire le
» plus avantageusement, et comme les bénéfices d'une
» spéculation dépendent de conditions excessivement
» variables, c'est à la sagesse des cultivateurs qu'il
» appartient de choisir le genre de production le plus
» convenable. »

Que conclure de ce qui précède ? Le voici, je crois :

1° En zootechnie comme en agriculture, les opinions absolues sont à chaque instant forcées de s'incliner devant les faits et de donner raison à la pratique.

2° Il y a des races très laitières dont la poitrine est naturellement étroite en avant ; il faut les réserver pour la laiterie. Ce sont les races de stabulation. Véritables machines à lait, leur produit abondant, mais souvent de qualité médiocre, doit être autant que possible consommé en nature. Les propriétaires qui auront besoin de beaucoup de lait puiseront dans ces races, quand ils le pourront, en dépit des arguments qu'on emploiera pour les en détourner, et ils feront bien.

3° Il est d'autres races chez lesquelles une poitrine large et arrondie n'exclut pas la faculté lactifère et se trouve accompagnée d'une disposition à prendre la graisse ; elles ne sont ordinairement ni aussi longtemps laitières, ni aussi abondantes que les premières, mais elles s'engraissent plus tôt et plus aisément. Ce sont les races d'engrais, d'herbage. Il faut aussi leur donner la préférence pour le travail, quand elles peuvent travailler, toujours pour la production du beurre et des veaux de boucherie.

Ce qui est vrai pour une race l'est également pour un individu pris isolément.

Mais si l'on veut sortir du fait actuel et formuler en vue de l'avenir, je poserai les questions suivantes :

La spécialisation dont je viens de parler existe-t-elle ? est-elle avantageuse ?

Le principe de l'amélioration par l'emploi des animaux à poitrine large est-il applicable aux races à poitrine étroite, maintenant constituées et recherchées pour leur faculté lactigène ?

Physiologiquement, ce *changement* est-il possible ? Industriellement, économiquement, peut-il être conseillé ?

On devinera sans peine que, pour répondre sérieusement à ces questions, il faut abandonner les hauteurs de la théorie, laisser de côté les généralités vagues et faciles, et se placer résolument en face de la réalité et de la pratique des choses.

J'ai dû insister sur une question fortement controversée ; je reprends l'examen des régions.

Corps *allongé, arrondi,* relativement *étroit en avant;* **Colonne** *vertébrale* ou échine *droite, longue, large, flexible, sèche* sans être saillante ni tranchante.

Ces dispositions indiquent une conformation régulière du tronc, une certaine légèreté dans le squelette, de la longueur et de la largeur dans les reins, et conséquemment la possibilité ou la probabilité d'un grand développement du ventre, toutes particularités d'organisation à rechercher dans la bonne laitière.

C'est à la partie supérieure de l'*échine* que se trouvent les *portes du lait du dessus* ou *sources du dos,* formées par des enfoncements ou sillons transversaux correspondant aux intervalles qui séparent les vertèbres dorsales les unes des autres. (Voy. pl. 1.)

Les *portes du dessus* sont plus profondes, plus visibles dans les bêtes maigres que dans les grasses. Leur existence, coïncidant avec une échine allongée, est regardée comme un bon signe.

Chez les vaches âgées, qui ont fait un grand nombre de veaux, dont le ventre reste toujours volumineux, l'échine est creuse, et les bêtes sont dites *ensellées.* Cette disposition prouve plutôt en leur faveur que contre elles.

Croupe *large, de forme régulière, peu chargée de chairs.*

Ces particularités de conformation ne sont pas sans importance, sous le double rapport de la lactation et de la reproduction, parce que l'ampleur du bassin et du ventre leur est subordonnée.

La longueur et la largeur des hanches et de la croupe assurent la prédominance du train postérieur sur l'antérieur, circonstance qui a pour résultat nécessaire un écartement plus considérable des membres et des quartiers de derrière, plus d'espace pour loger le pis, et une circulation plus abondante du côté de l'appareil génital.

Dans un large bassin le veau se loge et se développe plus librement, et il y a probabilité qu'il sortira avec plus de facilité quand viendra l'heure de la mise bas. Les vaches ouvertes du derrière produisent ordinairement des veaux plus gros et accouchent avec moins de difficultés. Elles conçoivent aussi plus sûrement et sont plus fécondes.

Dans les bonnes laitières, la **queue** est généralement *allongée, flexible, mince,* surtout vers l'extrémité. Les crins qui la terminent sont fins et longs.

Ventre *relativement volumineux,* de forme arrondie et *non disgracieusement avalé* et tombant.

Un développement assez considérable du ventre, même chez les vaches vides, se concilie très bien avec une bonne santé. Il suppose un appareil digestif ample, capable de recevoir et de digérer beaucoup d'aliments.

En thèse générale, cette région doit être médiocrement développée dans une jeune bête; mais dans une vache vieille un ventre petit serait un mauvais signe.

Ajoutons qu'un ventre trop volumineux et trop lourd gêne la marche et nuit au travail, qu'il fait paraître la poitrine plus exiguë qu'elle ne l'est effectivement.

Membres plutôt *courts* que longs, *écartés,* surtout ceux de derrière, *minces* principalement dans les régions des canons.

Les animaux trop élevés sur leurs jambes ont ordinairement le corps étroit, la côte plate, des formes sèches, et manifestent peu d'aptitude à s'engraisser. La finesse des membres annonce tout naturellement un appareil osseux léger, et leur peu de longueur coïncide toujours avec des formes plus ramassées, plus ouvertes.

Il est aussi d'observation que les vaches dont les jambes sont hautes et le corps comme aplati sont plus difficiles à féconder, font des veaux médiocres qu'elles nourrissent mal et qui ne s'engraissent guère.

Dans les membres, on doit examiner les *épaules* et les *cuisses.*

Epaules *maigres* plutôt que charnues, *obliques* et *saillantes* plutôt que droites et plaquées.

Les bonnes laitières un peu âgées ont les épaules en quelque sorte détachées de la poitrine.

C'est vers la partie inférieure et antérieure de cette région que se trouve une petite cavité, un petit creux allongé, appelé *fossette de l'épaule.* (V. pl. 1.) Sur les bonnes vaches, elle est parfois assez grande pour loger l'extrémité de deux ou trois doigts de la main. Dans quelques localités du nord-ouest de la France, au rapport de M. Lodieu, on attache de l'importance à l'existence de cette fossette. Elle est, dit-on, « le » résultat du peu de tissu graisseux qui entoure l'acro-» mion et du médiocre développement des muscles » qui forment l'articulation de l'épaule. » Ce qui indi-querait que les parties inutiles à la sécrétion lactée sont réduites à leur plus simple expression. J'accepte le fait et l'interprétation qu'on lui donne, mais j'avoue que je ne suis pas suffisamment éclairé sur l'un et sur l'autre.

Cuisses et **Jambes** *larges, écartées, peu four-nies* de muscles et *aplaties* de dehors en dedans.

On conçoit que l'écartement et le peu d'épaisseur de ces parties accompagnent un bassin large, et, d'autre part, permettent au pis de se développer et de se loger à l'aise dans la région inguinale.

Pieds *minces* et *lisses*, régulièrement conformés. Ces dispositions indiquent un certain degré de finesse dans le squelette et dans la peau. Une corne noire, brillante, dure, annonce la vigueur.

La longueur exagérée des pieds est une preuve que les animaux sont restés longtemps renfermés dans l'étable, qu'ils ne fréquentent point les pâturages et surtout ne travaillent plus depuis quelque temps.

Mamelles *volumineuses, pendantes* librement entre les jambes (1), recouvertes par une *peau fine, souple, lâche,* revenant de suite sur elle-même après avoir été pincée, de *couleur jaunâtre* ou *indienne* selon Guénon, garnie de *poils fins,* peu nombreux, couverte d'une *matière grasse,* onctueuse, qui se détache en petites parcelles quand on gratte la surface avec l'ongle.

La forme et la direction des mamelles est indifférente ; qu'elles soient portées en avant ou bien pendantes entre les cuisses, cela importe peu, pourvu qu'elles présentent les caractères que nous signalons.

Sur les bonnes laitières, on voit ramper dans l'épaisseur des mamelles, principalement quand ces bêtes sont pleines, des veines nombreuses décrivant des

---

(1) Les mamelles n'ont pas toujours la même forme. Elles sont plus ou moins allongées, ovalaires, ou même carrées, avec les quatre quartiers plus ou moins bien dessinés. Le nombre des trayons est de quatre ; les deux antérieurs sont ordinairement un peu plus longs que les autres. Parfois il y en a six, dont deux rudimentaires, courts, rarement percés, et placés de côté ou plus souvent en arrière.

flexuosités ou des zigzags; ce sont les *veines du pis.* (Voy. pl. 1.)

Le pis gonflé par le lait doit être résistant à la pression, mais élastique; après la traite, il doit revenir à son volume ordinaire, être mou, flasque, sans consistance et sans dureté.

Quand on examine les mamelles pleines de lait, il ne faut pas se laisser tromper par leur grosseur et par la résistance qu'elles font à la main. Cet état peut provenir en effet de ce que ces organes sont *charnus* ou *gras,* c'est-à-dire de ce qu'il entre dans leur composition beaucoup de tissu cellulaire aggloméré ou une grande quantité de graisse.

Le *pis charnu* ou *gras* diminue peu de volume pendant la traite; il conserve de la dureté, de la consistance, et résiste à la pression sans avoir une véritable élasticité. Cette résistance n'est pas égale dans tous les points. En outre, la peau qui le recouvre est toujours plus grossière, plus épaisse, moins mobile et moins souple.

Il est souvent difficile de distinguer le *pis charnu* du *pis graisseux.* Cependant on ne rencontre guère celui-ci que sur les animaux d'un embonpoint prononcé. Il est commun chez les vaches appartenant aux races précoces, propres à la boucherie, chez les vaches châtrées depuis quelques mois et sur toutes celles que l'on engraisse.

La grosseur du pis peut être aussi le résultat de l'accumulation du lait dans son intérieur. Cet état constitue l'*empissement;* il peut être suivi d'une maladie locale grave, s'il se prolonge trop, ou bien il peut entrainer la perte momentanée ou définitive du lait. D'autres fois les marchands flagellent le pis avec des orties pour le faire gonfler.

Ces deux ruses sont assez faciles à reconnaitre et à déjouer.

Les **Trayons** ou mamelons doivent être de *forme régulière, allongés, écartés* les uns des autres, *égaux* dans leur développement, sans irrégularités ni verrues à leur surface, à *large ouverture*, plutôt *grands* que petits, proportionnés toutefois au volume des mamelles, et recouverts d'une *peau fine, souple,* semblable à celle du pis.

On repoussera toujours les vaches dont un des trayons est plus petit, flasque, plissé ou configuré autrement que les autres, les vaches dont une partie des mamelles paraît comme diminuée ou réduite, quoique l'on ait dit que ces défauts étaient sans influence sur la production du lait. Ils caractérisent les bêtes que Guénon appelle *poupèques*.

Presque partout on donne la préférence aux vaches qui, outre les quatre trayons ordinaires, en portent encore en arrière deux autres plus petits et saillants. On croit que la faculté lactifère est proportionnée au volume et à la longueur de ces derniers. Il ne faut pas attacher une importance trop grande à cette particularité, mais on aurait tort de ne pas en tenir. compte.

Peau *fine, souple, lâchement attachée* aux tissus qu'elle recouvre, se *plissant* avec facilité quand on la pince, et revenant ensuite sur elle-même sans laisser de rides, d'un *toucher doux* et comme onctueux, avec une *teinte jaunâtre* dans les endroits où les poils sont rares.

La mollesse de la peau fait supposer la prédominance du système lymphatique, tandis que sa laxité et son étendue accusent un développement considérable des muqueuses du tube digestif et des canaux lactés. Sa grande vascularité indique un vaste système veineux, une abondante circulation et beaucoup d'activité dans les organes sécréteurs.

On aime que la peau fasse des replis au-dessous de la base de la queue, autour des organes sexuels, et même autour de l'ombilic ou nombril.

Le *fanon* n'est qu'un grand repli de la peau occupant la partie inférieure du cou et se prolongeant jusqu'entre les membres antérieurs. On le veut en général mince et peu flottant. Les indices tirés du fanon ne sont pas d'une grande valeur; il est des races excellentes laitières qui l'ont très développé.

La portion inférieure et flottante de ce repli de peau renferme souvent une sorte de corps dur et allongé, qui n'est autre chose que du tissu cellulaire condensé et accumulé vers ce point. Je signale cette particularité sans y attacher beaucoup d'importance, parce qu'on la trouve sur un grand nombre de vaches laitières âgées, qui ne sont certainement pas toutes de la meilleure sorte.

Une peau délicate, richement organisée, est toujours couverte de *poils fins*, *doux* et *luisants*. Des *poils grossiers, longs* et *rudes*, très rapprochés, annoncent une peau épaisse et dure.

Quelques races très laitières, celles de la Suisse par exemple, ont une peau épaisse, comme spongieuse, couverte de poils nombreux et tassés; il est à remarquer que ces races manquent toujours de ce que l'on pourrait appeler la distinction. Ces races ont, en effet, les os forts, la chair grosse, et donnent un lait de qualité médiocre.

Robe. La couleur des poils est très diverse. Pourtant elle est assez constante dans une race ancienne, et sert souvent à la caractériser. Ainsi le pelage est froment foncé ou clair dans la race charolaise, rouge vif ou acajou dans celle de Salers, brun fauve dans celles du Mézenc ou d'Aubrac, pie dans celles de la Normandie, de la Flandre, etc.

Comme signe caractéristique des races, quand on attache de l'importance à leur pureté, la couleur du pelage peut être prise en grande considération; mais considérée absolument, elle ne saurait avoir la signification qu'on a voulu souvent lui donner. Le proverbe : *On trouve de bons animaux sous tous les poils*, est parfaitement vrai et applicable aux vaches laitières.

Veines superficielles. Parmi les veines que l'on doit consulter quand on examine les vaches, nous citerons, indépendamment de celles que nous avons déjà mentionnées en étudiant les mamelles, les *veines mammaires* ou *lactées* (pl. 1) et les *veines périnéennes* (pl. 3, fig. 1).

Les animaux de l'espèce bovine ont les veines plus

nombreuses et plus grosses que les artères. C'est chez les vaches laitières que les premières acquièrent le plus grand développement comparatif. Cette particularité dénote dans leur organisation le tempérament lymphatico-veineux, sous l'influence duquel les fonctions digestives et sécrétoires jouissent d'une prédominance marquée.

La bonne laitière a toujours un système veineux très développé. Le rang que nous donnerons à ce signe dans notre tableau comparatif fera voir le degré d'importance que nous lui accordons dans l'étude des qualités lactifères.

Les *veines mammaires* ou *lactées* sont grosses comme le doigt sur les vaches qui ont fait des veaux. Elles s'étendent de chaque côté du ventre, vers sa partie inférieure, des mamelles où elles ont leur point de départ, jusqu'en arrrière et en dessous de la poitrine, dans les parois de laquelle elles se plongent à la faveur d'ouvertures appelées vulgairement *portes de dessous* ou *fontaines du lait*. Il est facile de sentir sous la peau les *veines mammaires*, ainsi que les *fontaines du lait*. Dans les vaches fraiches au lait, bonnes et un peu âgées, les veines sont grosses comme le pouce, et l'ouverture qui leur livre passage pourrait recevoir aisément l'extrémité du doigt. On accorde la préférence aux bêtes dont les veines sont grosses, flexueuses. Quand les vaches ne donnent plus de lait et que les veines sont moins gonflées par le sang, on juge du développement antécédent de ces vaisseaux par la largeur des ouvertures ou portes de dessous,

La grosseur, la flexuosité des veines mammaires a été de tout temps regardée comme un bon signe. Mais on doit se rappeler qu'une jeune bête peut être excellente sans avoir les veines grosses, et qu'une vache âgée peut les avoir très volumineuses et n'être plus une abondante laitière.

Les veines périnéennes, sur lesquelles M. Magne a appelé l'attention dès 1847, s'élèvent de la partie postérieure du pis (pl. 3, fig. 1), et rampent en décrivant des flexuosités sous la peau fine qui recouvre l'espace compris entre les fesses et la région supérieure et postérieure des cuisses. On ne les aperçoit pas sur les médiocres laitières, ni sur celles qui n'ont encore porté qu'une ou deux fois. Souvent aussi, sur les vieilles vaches, elles sont cachées par des plis que la peau forme en cet endroit.

C'est dans les fortes laitières, entre deux âges, ouvertes du derrière, portant de beaux écussons, bien nourries, ayant vélé depuis peu, que les veines périnéennes sont le plus apparentes. Il peut être nécessaire, pour les bien voir, d'appuyer la main un peu fortement au-dessus du pis.

Il a été question plus haut des veines de la surface des mamelles.

Vaisseaux lymphatiques. Lemaire a particulièrement signalé, comme étant de bon augure, un grand volume des vaisseaux et ganglions lymphatiques qui se trouvent au bord antérieur de la cuisse, dans son point de jonction avec le ventre.

7° DES ÉPIS, ÉCUSSONS, GRAVURES. EXAMEN DU SYSTÈME DE GUÉNON.

Les poils qui composent la robe ou pelage des animaux sont ordinairement couchés dans la direction de la région qu'ils couvrent. Sur les membres, aux deux extrémités du corps, ils vont de haut en bas; mais dans quelques points toujours bornés ils affectent des directions différentes et constituent ce qu'on appelle vulgairement des *épis.*

Depuis longtemps les Arabes attachent une signification heureuse ou néfaste aux épis qui occupent les côtés de l'encolure, le poitrail, les flancs du cheval. Dans les lieux où la chèvre est exploitée avec intelligence, on consulte également ces particularités du pelage.

Des gravures ou écussons. Les bêtes bovines portent aussi à la partie postérieure du corps, dans la région comprise entre le ventre, les cuisses, les fesses et les organes sexuels, un épi principal plus ou moins étendu, dont les poils sont remontants. C'est cet épi que Guénon a désigné sous les noms d'*écusson,* de *gravure.*

L'étendue et la forme de l'écusson varient beaucoup ; ses contours sont marqués par la rencontre des poils descendants avec ceux qui remontent, d'où résulte une sorte de redressement des uns et des autres qui forme une véritable bordure.

La gravure se compose généralement de deux portions ou surfaces continues que l'on distingue en *inférieure* ou *mammaire* (pl. 3, fig. 1) et en *supérieure* ou *périnéenne*. Celle-ci manque quand la gravure ne s'élève pas, en arrière, au-dessus des mamelles (pl. 3, fig. 2). L'autre peut, en s'élargissant, embrasser la face interne des cuisses.

C'est la forme de la partie périnéenne qui caractérise l'écusson et en détermine l'espèce, mais elle n'en mesure pas l'étendue réelle.

La gravure peut commencer en avant des mamelles et s'élargir de chaque côté sur la face interne et sur le bord postérieur des cuisses. Celle qui ne remonte pas en arrière vers la région périnéenne n'est pas nécessairement petite, puisqu'elle peut gagner en avant et de côté ce qu'elle perd en arrière et en haut.

Le plus bel écusson est celui qui a l'étendue réelle la plus considérable, dont les contours sont le plus réguliers. Pour bien constater ses limites, il est souvent nécessaire de tendre la peau avec les deux mains, d'observer les animaux pendant qu'ils marchent, en se tenant baissé derrière eux. On ne saurait trop recommander aux personnes qui étudient les épis de ne point s'arrêter aux apparences. Dans une vache dont les mamelles sont volumineuses, carrées, portées en arrière, dont les hanches sont naturellement ouvertes et l'embonpoint prononcé, l'écusson est toujours facile à voir, et, toutes choses égales, paraît plus grand, plus élargi. C'est tout le contraire pour les bêtes maigres, dont les membres postérieurs sont rapprochés, les mamelles petites et portées en avant.

Ordinairement les poils qui limitent la gravure sont plus grands que les autres; et comme ceux de la circonférence ont une direction différente, ils croisent les premiers et les soulèvent. C'est à cela que l'on doit de pouvoir aisément suivre de l'œil ou avec la main les contours de l'épi. Mais lorsque les poils sont courts, ou encore quand ils sont longs et affectent des directions variées, et que la peau forme de gros plis en arrière et au-dessus des mamelles, la détermination devient plus difficile et demande plus de précautions.

L'écusson ne doit pas être jugé par le simple changement de couleur de la partie, ce qui pourrait tromper, mais d'après la direction des poils qui le constituent et en établissent le caractère différentiel.

La gravure est ordinairement plus développée d'un côté que de l'autre, presque toujours du côté gauche. Cette inégalité coïncide avec une différence d'activité dans les portions correspondantes de la mamelle. Ainsi l'on a observé depuis longtemps que les deux trayons gauches donnent très souvent plus de lait que les droits.

Les contours de l'écusson ne sont pas toujours réguliers. La forme générale peut être altérée par des échancrures d'étendue et de direction variées, produites par des poils descendants ou tourbillonnants qui empiètent sur la marque. (Pl. 5, fig. 4.) Ces échancrures réduisent toujours la surface réelle occupée par la gravure; et, comme c'est cette surface qu'il importe de connaître, on doit s'attacher à en saisir les limites exactes.

L'état de la peau qui sert de base à l'écusson, des

poils qui la recouvrent, doit aussi être pris en grande considération.

Guénon appelle *indienne* la gravure formée d'une peau mince, de couleur jaunâtre, de poils rares, fins et courts, et d'où se détachent par le frottement de petites pellicules d'une matière grasse, onctueuse. La présence de l'*écusson indien* annonce un lait gras, crémeux, ordinairement de couleur jaunâtre, quelle que soit d'ailleurs la quantité du produit.

Lorsque la peau de la gravure est épaisse et garnie de poils longs et grossiers, on peut croire que le lait sera séreux, d'un blanc pâle, pauvre en beurre, et probablement abondant en caséum.

Des épis secondaires. Des épis secondaires accompagnent fréquemment la gravure principale. Ils sont de plusieurs sortes, et ont une signification bonne ou mauvaise, selon leur position.

Les deux épis de figure ovalaire, formés de poils descendants ou divergents, et placés en arrière des mamelles, au-dessus des trayons postérieurs, doivent être favorablement interprétés, surtout quand le poil qui les constitue n'est ni long ni grossier. (Pl. 4, fig. 1.)

Ceux que je vais indiquer sont de fâcheux augure ; Guénon les appelait *bâtards*.

La bâtardise est caractérisée :

1° Par un épi ovale, de poils descendants, situé dans la partie périnéenne de l'écusson. (Pl. 5, fig. 1.)

2° Par un épi ovale, allongé, de poils remontants, placé en dehors de la région périnéenne, à droite ou

à gauche des organes sexuels, ou par deux épis semblables, un de chaque côté. (Pl. 5, fig. 2 et 3.)

3° Par deux petites bandes occupant la même position, et formées de poils remontants, grossiers, souvent hérissés ou tortillés. (Pl. 5, fig. 4.)

J'ai dit que la gravure n'avait pas toujours des contours réguliers, que sa forme pouvait être altérée par
des échancrures qui en diminuent la grandeur. (Pl. 5,
fig. 4.)

Ces échancrures sont toujours de mauvais signes,
d'autant plus mauvais signes qu'elles sont plus nombreuses et plus profondes. On les rencontre souvent
sur les animaux appartenant à des races peu constantes
et de valeur médiocre. Généralement aussi elles accompagnent les marques de la bâtardise et constituent
avec ces dernières des indices négatifs ou contraires,
que l'on doit interpréter dans le double sens d'une
diminution dans la quantité et dans la durée de la
lactation.

Nous reviendrons plus loin sur l'intérêt qui s'attache
à leur étude.

Depuis que la connaissance du système de Guénon
est répandue et sert au choix des vaches, les maqui-
gnons, pour dérouter les acheteurs et les tromper,
cherchent à faire disparaître des écussons mal bordés,
irréguliers et trop petits, à en créer d'artificiels ; dans
ce but, ils coupent les poils ou les brûlent. J'ai eu plusieurs fois l'occasion de faire remarquer cette fraude
aux élèves du cours d'hygiène. Elle est parfois pratiquée avec beaucoup d'habileté, et il ne suffit pas tou-

jours d'être en garde contre elle pour la découvrir tout de suite. On fera donc bien de se défier des vaches mises en vente avec les poils de la région périnéenne rasés ou tondus. A l'aide d'un examen très attentif et en passant doucement la main sur la surface, de bas en haut et de haut en bas, on pourra reconnaître la supercherie.

Ces détails, ces petites difficultés, sur lesquels glissent volontiers les observateurs superficiels, parce qu'ils les trouvent trop minutieux, ont leur importance pratique. C'est souvent pour les avoir négligés que des propriétaires ont accusé d'inexactitude la méthode de Guénon. Il n'est pourtant pas juste de la rendre responsable des inattentions ou de l'ignorance que beaucoup de personnes apportent dans son application.

C'est sur la considération de l'étendue et de la forme de la gravure que Guénon a basé le système d'appréciation des vaches qui porte son nom, système trop vanté peut-être au moment de son apparition, mais certainement trop dénigré depuis.

A la suite d'un grand nombre de recherches et d'observations comparatives, Guénon a été conduit à croire que par l'inspection seule de l'écusson il était possible de reconnaître les qualités d'une vache, et même de déterminer avec précision le nombre de litres de lait qu'elle devait produire.

Ses remarques sur les formes de l'écusson l'ayant amené ensuite à établir parmi eux *dix types* principaux ou caractéristiques, il divisa les vaches en autant de *classes*, et la comparaison du rendement en lait des vaches présentant l'une ou l'autre de ces formes lui ayant appris qu'à chacune d'elles correspondait une faculté déterminée pour produire du lait, il attribua à chaque classe un rendement qui devait être le même dans toutes les vaches portant une marque pareille, sauf les différences dépendant de la taille, du régime, et des changements de détail que peut éprouver la gravure dans chaque classe.

En effet, un écusson appartenant à l'un des dix types caractéristiques ne reproduit pas toujours exactement ce type. J'ai dit qu'il pouvait être réduit dans ses dimensions, altéré dans ses contours, etc. ; d'où la nécessité de créer, dans chaque classe, des *ordres* dont le premier est le type même de la classe, et les autres des reproductions incomplètes de celui-ci, des dégradations, des variétés.

Guénon a cru pouvoir établir ainsi huit degrés correspondant à des facultés laitières différentes, c'est-à-dire à un produit qui doit aller en diminuant du premier au huitième.

Avec cette première base de classification, les vaches se trouvent divisées en *quatre-vingts séries* ou *ordres*.

Mais la gravure principale peut être accompagnée, dans chaque classe et dans chaque ordre, des signes de la bâtardise ; d'où il suit que les vaches doivent être réparties en deux grandes divisions de quatre-vingts ordres comprenant, l'un, toutes les bêtes dont l'écusson est pur, l'autre celles dont la gravure est bâtarde.

Là ne se bornent point encore les divisions; pour fixer le rendement en lait de chacun de ces *cent soixante ordres*, il fallait tenir compte de la taille et du volume des animaux. Trois catégories distinguant des vaches de *grande*, *moyenne* et *petite taille* ont été établies, et le nombre des ordres s'est trouvé ainsi porté à 480.

J'ai supposé avec Guénon que le nombre des classes était rigoureusement limité à dix; il n'en est rien. Avec un peu d'attention, il est facile de constater l'existence de gravures dont les types n'ont point été reproduits par les observateurs. Si l'on voulait en former des classes, le nombre total des ordres se trouverait singulièrement augmenté.

Je ne crois pas que l'esprit le plus exact, le praticien le plus habile même puissent se reconnaître au milieu de ces détails souvent impossibles à saisir. Heureusement, on peut très bien, dans la pratique, se passer de la plupart de ces distinctions.

Y a-t-il véritablement un rapport entre l'étendue et la forme de l'écusson et la sécrétion mammaire? Peut-on donner une explication anatomique et physiologique de ce rapport?

Il est hors de toute contestation, pour un observateur de bonne foi, qu'un écusson de forme régulière, très développé, annonce dans une vache des dispositions marquées à produire du lait; tandis qu'un écusson réduit, irrégulier, échancré, est toujours un signe fâcheux.

Il est certain encore qu'un écusson *indien*, grand,

pur, accuse à la fois la quantité après le vêlage et la qualité ; que les marques de la bâtardise indiquent toujours un rendement inférieur, soit par une réduction dans le produit dès le vêlage, soit par une réduction notable dans la durée de la lactation.

Là doit s'arrêter, à mon avis, l'interprétation des signes. C'est l'étendue et la régularité, la pureté des gravures qu'il faut s'attacher à reconnaître et à déterminer, et non la forme, qui est secondaire. Aussi, quand Guénon et les partisans absolus de son système ont voulu, en se fondant sur la création des classes et des ordres, préciser mathématiquement le rendement en lait correspondant à chaque forme, ils sont allés trop loin et se sont exposés à tomber dans de fréquentes erreurs d'application. La nature ne se plie pas à ces sortes de calculs. La sécrétion du lait est un phénomène complexe, subordonné en partie aux actes de la digestion, de la respiration, à des circonstances d'hérédité, d'âge, de climat, de régime, d'élevage, etc. ; et tout cela ne peut ni se résumer, ni se traduire en un signe extérieur.

La gravure accuse une disposition native, mais cette disposition n'aura pas fatalement ses effets ; elle sera modifiée en bien ou en mal, et ce n'est qu'après avoir cherché à fixer le genre et l'étendue de ces modifications que l'on peut alors apprécier la véritable valeur de la marque.

C'est moins, dira-t-on, le rendement actuel que l'aptitude, que la faculté de produire que l'on veut exprimer par des chiffres. Mais, puisque l'écusson existe

avec ses caractères distinctifs avant l'époque où les mamelles entreront en fonctions, il n'est donc pas rigoureusement la conséquence du travail accompli par ces
organes. Ou il faut nier que les aptitudes puissent
éprouver des changements pendant la vie sans que la
gravure en éprouve de correspondants, ou il faut nier
l'influence du régime et des autres agents hygiéniques
sur les aptitudes. Il me paraît difficile d'échapper à
ce dilemme.

Je suis bien loin de prétendre qu'il n'y ait aucune
relation saisissable entre les formes ou l'étendue de
l'écusson et les qualités d'une vache. J'appuierai même
tout à l'heure cette idée de rapport sur un fait qui a
peut-être échappé aux observateurs. Ce que je con-
teste en ce moment, c'est que la forme de la gravure
soit une base certaine de jugement. Il ne suit pas de
là que les formes doivent être entièrement négligées
dans l'examen, et la raison en est facile à trouver :
c'est qu'il en est parmi elles qui se prêtent bien mieux
que d'autres à un développement considérable de la
marque. Ainsi, les écussons représentés pl. 3, fig. 1,
3 et 4, et pl. 4, fig. 1 et 2, ont généralement un développement plus considérable que ceux de la pl. 3,
fig. 2, et de la pl. 4, fig. 4. Les premiers se rencontrent
de préférence sur les bonnes ou très bonnes laitières.

L'auteur d'un des meilleures traités sur le choix des
vaches admet implicitement l'importance de la forme
de la gravure quand il dit : « Lorsque l'écusson est en
» forme de lyre (pl. 3, fig. 4), en lisière (pl. 5, fig. 3),
» ou en équerre (pl. 4, fig. 4), et qu'il a tout son déve-

» loppement, les vaches donnent 15 à 25 litres de lait,
» selon leur taille et leurs qualités laitières. Les meil-
» leures, parmi les autres catégories, ne dépassent
» guère 20, 24 litres. Il est même très rare que celles
» dont l'écusson est pointu, en coin ou coupé carré-
» ment en bouclier, dépassent 18, 20 litres. » Mais je
suis convaincu que M. Magne avait dans sa pensée, en
écrivant ce paragraphe, l'explication que j'ai donnée
plus haut.

Les différents degrés de diminution que l'écusson
peut présenter, les altérations que lui font éprouver
les échancrures, sont presque infinis. Les transitions
insensibles qui font passer d'une forme altérée à une
autre, rendent la distinction entre les ordres de la
même classe ou de deux classes voisines à peu près
impossible dans la pratique ordinaire. J'ai dit que je
ne la croyais pas utile.

Quant aux explications que l'on a voulu donner des
rapports constatés entre leur étendue, leur forme et
l'activité des mamelles, elles sont ingénieuses sans
doute et accusent dans leurs auteurs ou beaucoup de
talent ou un remarquable esprit d'invention ; mais
j'avoue que je ne puis y voir que des hypothèses, et
comme elles ne me semblent pas avoir conduit jusqu'à
présent à des résultats réellement utiles, je m'abstien-
drai de les faire connaître.

Ce qu'on appelle le système de Guénon n'est pour
moi, jusqu'à ce jour, qu'une méthode empirique
d'examen, méthode bonne et dont il faut apprendre à
se servir, mais qui ne me paraît point susceptible

d'interprétation scientifique. Je ne puis toutefois me défendre de faire remarquer ici que la plupart de ceux qui en ont fait la critique n'ont pas assez tenu compte à Guénon de l'impulsion qu'il a imprimée à l'étude comparative des vaches laitières, des secours nouveaux qu'il a fournis à l'agriculture pour l'amélioration des races. A ce titre, Guénon méritait de la reconnaissance, et il avait peut-être droit à plus de ménagements de la part de quelques savants à qui il a ouvert la voie, et qui, sans lui, seraient peut-être encore plongés bien avant dans la routine (1).

Limiter au choix des vaches laitières les applications dont le système de Guénon est susceptible, ce serait renoncer à une partie des ressources qu'il offre aux cultivateurs. On peut s'en servir très utilement pour apprécier les qualités des jeunes animaux d'élevage et des reproducteurs.

8° DES GRAVURES OU ÉCUSSONS DANS LES JEUNES ANIMAUX.

Les gravures, dans les jeunes sujets des deux sexes, sont plus difficiles à apercevoir, à cause de leur plus faible étendue, et parce que leurs bords sont très

---

(1) Comme la plupart des inventeurs, Guénon attache beaucoup d'importance aux choses qn'il a découvertes, et ne conçoit son système que complet, avec tous les détails insignifiants qu'il y a joints, tous les termes bizarres qu'il a employés. Aussi les personnes qui voudront prendre une idée entière de ce système seront toujours forcées de recourir aux ouvrages de l'agriculteur bordelais.

3.

souvent cachés ou dissimulés sous les poils touffus qui couvrent la région. Elles existent cependant avec leurs formes caractéristiques, la plus simple observation suffit pour l'établir, et dès ce moment les animaux peuvent être classés.

Ces marques ont moins de développement relatif qu'elles n'en acquerront plus tard; mais déjà on peut voir qu'elles sont mieux dessinées et plus visibles sur les vêles que sur les veaux mâles. Elles y prennent, en outre, des formes plus variées.

L'écusson paraît longtemps petit et limité sur la génisse; ce n'est qu'après le deuxième ou troisième vêlage qu'il atteint toute son étendue réelle et qu'il se dessine exactement. Toutefois, les différences signalées ici sont plus prononcées pour les bonnes vaches.

Le développement progressif que subit la marque, et qui paraît être dans une proportion plus forte que l'accroissement général de l'individu, atteste un rapport entre cette marque et les fonctions des mamelles. Il est, ce me semble, un argument assez décisif à opposer à ceux qui voudraient nier l'utilité du système de Guénon pour le choix des animaux.

9° DES GRAVURES OU ÉCUSSONS DANS LES TAUREAUX.

Les taureaux portent des gravures comme les vaches. Ces gravures ne sont jamais aussi étendues, même dans les meilleures races, ni de formes aussi variées; mais leurs contours sont généralement nets et faciles à suivre de l'œil.

Guénon fait remarquer que ces gravures se rapportent très souvent à l'une des formes reproduites sous le n° 2, pl. 3, et sous les n°ˢ 1 et 3, pl. 4.

L'observation ne confirme pas rigoureusement toute la proposition. Il est des races dans lesquelles le n° 2 est fort rare, tandis que le n° 4, pl. 3, que Guénon place à un degré assez inférieur quant à la fréquence, s'y trouve très multiplié.

Ce sont donc les formes les plus basses et les plus simples qui se rencontrent habituellement sur les mâles. Et la pratique a permis de constater ces autres faits, qu'il était, au reste, assez facile de prévoir : que dans ces animaux les irrégularités sont moins communes, moins aisées à saisir avec précision; que les signes de la bâtardise se présentent moins souvent ou sont plus difficiles à déterminer.

Quand on attribue aux taureaux des écussons aussi variés dans leur aspect que ceux des vaches, on se fonde plutôt sur l'analogie que sur l'observation directe; on décrit plutôt ce qui pourrait être que ce qui existe en réalité ; on donne comme constant ce qui est exceptionnel.

Ces observations ne détruisent pas la valeur des indices que l'on peut tirer de l'existence des marques sur les taureaux ; elles ne l'amoindrissent même point. C'est seulement une preuve de la nécessité de bien étudier ces marques, de les comparer sur un certain nombre de sujets, pour pouvoir en apprécier les véritables caractères.

Les propriétaires ne consultent guère les écussons des bœufs qu'ils achètent pour l'engraissement; c'est un tort, à mon avis. Je suis convaincu qu'ils trouveraient une relation entre l'état des marques et la disposition des animaux à prendre la graisse, et qu'une étude attentive et consciencieuse du système de Guénon ne leur serait pas sans utilité.

La gravure doit être ou paraître moins développée sur le bœuf qui a subi de bonne heure la castration que sur le taureau. Dans l'examen des animaux, il est nécessaire de tenir compte de cette particularité.

10° CLASSIFICATION PROPOSÉE PAR M. MAGNE.

Notre savant collègue d'Alfort a substitué au système de Guénon, en utilisant toutefois les indications qu'on en peut tirer, un classement bien fait pour séduire par sa simplicité apparente, mais qui, dans l'application, présente les mêmes embarras, quand on veut fixer la valeur absolue, le rendement numérique des animaux. M. Magne range les vaches dans quatre classes et les distingue en *très bonnes, bonnes, médiocres, mauvaises.*

Nous avons fait connaître les caractères de la très bonne laitière. Les vaches qui les présentent appartiennent naturellement à la première classe. Elles sont rares.

Veut-on avoir une idée de la mauvaise laitière, il faut prendre le contre-pied de l'autre. L'absence des particularités qui distinguent celle-ci ou un ensemble de signes opposés formera le type de la quatrième classe.

Quant aux deux classes intermédiaires, elles se formeront du mélange ou de la combinaison des caractères ou signes distinguant les très bonnes et les mauvaises laitières.

Si l'on veut bien se rapporter à l'exposé que j'ai fait des signes extérieurs annonçant une abondante lactation, à leur importance relative, à la signification attachée à chacun d'eux, on comprendra par quel procédé théorique il est possible de distinguer trois ou quatre classes et plus de vaches laitières, mais entre lesquelles on ne peut prétendre sérieusement tracer des lignes précises de démarcation.

La difficulté provient de ce que les signes bons ou mauvais, positifs ou négatifs, peuvent s'associer dans une infinité de proportions; et si l'on sait combien il est difficile d'apprécier rigoureusement la nature et les effets des causes qui exercent de l'influence sur la production du lait, on concevra combien celui qui veut établir des divisions exactes et fixer mathématiquement leur valeur, court risque de se tromper.

L'objection ou mieux l'observation que je viens de faire à propos du classement adopté par M. Magne, lui a déjà été adressée; notre savant collègue y a répondu en demandant à son tour « s'il est possible d'établir » une ligne de démarcation entre les classes basées » exclusivement sur la forme et l'étendue de l'écus- » son. » Je ne crois pas que l'on puisse répondre affirmativement à la contre-objection; mais la difficulté n'est pas résolue pour cela.

L'usage avait consacré depuis longtemps les épithètes de très bonnes, bonnes, médiocres, mauvaises, appliquées aux vaches laitières ; mais il était convenu qu'on ne pouvait y attacher un sens précis, *mathématique*. Il en est des classes que l'on veut caractériser ainsi comme des climats : les extrêmes sont très saisissables, l'ensemble diffère, mais les bords des zones voisines se confondent.

C'est sous ces réserves et après cet aveu que je me servirai moi-même tout à l'heure de ces expressions, en traitant la question du rendement.

11° SYSTÈME DE LEMAIRE.

Pour mettre à même d'apprécier ce qu'il y a d'original dans ce qu'on a appelé improprement le système de Lemaire, je vais résumer ici le tableau qu'il a tracé de la bonne vache laitière :

Charpente osseuse, légère, saillante, peu entourée de chairs, qui doivent être molles.

Formes anguleuses, rarement arrondies, désagréables à l'œil. Tronc ressemblant à un cône ; quartiers de derrière volumineux, larges, relativement plus pesants que les quartiers de devant, qui doivent être légers, peu développés.

Tête très accentuée, sèche, avec la peau fine, les yeux saillants, et trois creux : 1° au milieu du front ; 2° au-dessus de la paupière ; 3° au-dessous de la paupière inférieure ; toupet mobile ; cornes effilées, pointues, claires, luisantes, aplaties, de texture fine ; oreilles fines, transparentes, jaunâtres intérieurement, *son* safrané ; encolure fine ; épaules courtes, très obliques, maigres, décharnées, mal attachées ; fossette sous-acromienne ; poitrail étroit, proéminent ; fanon très développé sous la poitrine, mince, souple ; poitrine étroite, courte, sanglée derrière les épaules ; côtes plates plutôt que rondes ; creux intervertébraux prononcés, reins larges et longs (indices de la durée de la lactation) ; ventre très long, très volumineux, pendant ; hanches larges, croupe forte (indices certains de l'abondance et de la durée du lait) ; flancs spacieux ; queue fine, mince et arrondie à la base, longue, flexible, vermiculaire.

Veines très apparentes ; tempérament veineux-lymphatique, *beurrin ;* mamelles recouvertes de poils fins, longs, clair-semés ; peau fine, souple, lâche ; ombilic (nombril) avec un grand repli de peau.

Marque du système de Guénon, bien franche.

Le portrait tracé par Lemaire ressemble beaucoup à celui de la bonne vache hollandaise ou flamande. Mais si on le compare aux meilleurs animaux de la Normandie, de la Suisse, d'Ayr, du Morbihan, de Durham, etc., ne trouvera-t-on pas des différences nombreuses, saillantes, capitales ? En inférera-t-on que ces dernières races ne valent rien pour le lait, qu'elles sont dégénérées, qu'il faut les améliorer, les relever à l'aide du type parfait et resté pur de la Hollande ? Probablement ce n'est dans la pensée d'aucun homme sérieux. Alors pourquoi s'attacher à décrire des types absolus ? Pourquoi présenter comme l'expression du beau, comme le modèle du bon, des formes, des caractères qui ne se trouvent point dans des animaux dont on ne peut nier le mérite sans se mettre en contradiction avec les faits, sans fermer les yeux à l'évidence ?

Cette prétention de vouloir réformer en tout l'œuvre de Dieu est au moins singulière; cette idée de ramener chaque espèce à un ou quelques types uniques, dont la perfection ne saurait être d'ailleurs que relative, est très commune en zootechnie et, à mon sens, très malheureuse. Elle a fait perdre beaucoup de temps en discussions oiseuses, qui n'ont éclairé ni convaincu personne, et beaucoup d'argent en tentatives dont les résultats sont chaque jour blâmés ou contestés.

12° DE LA RACE.

Il ne suffit pas, pour bien apprécier les animaux, de les considérer en eux-mêmes et comme individus isolés; il faut étendre le point de vue et les étudier aussi dans les races ou groupes auxquels ils appartiennent et dans leurs ascendants immédiats.

On trouve, dit-on, de bonnes laitières dans toutes les races; cela n'est pas absolument vrai. D'ailleurs, il y aura toujours avantage à puiser, si on le peut, dans une race connue pour ses aptitudes. Là, les signes indiquant une abondante lactation ont une valeur assurée; ils ne trompent guère. La disposition à produire beaucoup de lait est comme un héritage de famille qui se transmet de génération en génération.

Cette qualité est le résultat d'influences climatériques, et surtout d'un régime, d'un mode d'entretien auxquels les animaux sont restés soumis pendant longtemps. Elle se conserve en eux et persiste encore quelque temps, même quand les circonstances ne sont plus favorables à ses manifestations. Il est plus aisé de la reconnaître et d'en tirer parti que de la créer. Aussi doit-on l'utiliser, soit dans l'exploitation des animaux, soit dans leur emploi comme reproducteurs, quand on la rencontre.

On trouvera plus loin un tableau des principales races bovines françaises envisagées sous le rapport de la production du lait, avec l'indication de quelques races étrangères les mieux connues et les plus fréquemment importées chez nous.

Les qualités pour le lait n'existent guère qu'à un degré médiocre ou faible dans les races indéterminées, bâtardes, élevées et entretenues avec parcimonie, que l'on trouve dans tous les pays et trop communément en France. Si, dans ces groupes, on rencontre quelques bonnes vaches, c'est par exception, et jamais elles n'atteignent à la fécondité relative des autres.

Il est si vrai que ce défaut de qualité tient à l'origine des animaux, que ceux-ci manquent presque toujours des particularités de conformation que l'on recherche dans les excellentes laitières, ou bien ces particularités y sont accompagnées de signes extérieurs de bâtardise; enfin, lorsque de bonnes marques existent, on ne peut, sans s'exposer à des erreurs notables, leur assigner la valeur qu'elles prendraient dans des sujets de meilleure famille.

13° ORIGINE SPÉCIALE. — GÉNÉALOGIE.

Les Anglais, si bons connaisseurs en bestiaux, attachent beaucoup d'importance à la pureté des races, et ils ont raison. Ils savent que les reproducteurs communiquent tout ou partie de leurs qualités et de leurs

léfauts à leurs descendants. Cette transmission est
d'autant plus probable que ces reproducteurs se rattachent à une race plus ancienne et mieux fixée.

J'entrerai à ce sujet dans quelques développements,
quand je traiterai du choix et de l'emploi des taureaux;
je veux, en ce moment, me borner à quelques considérations concernant le choix des vaches.

On pouvait prévoir qu'une vache née d'un taureau
jeune aurait plus d'aptitude qu'une autre pour la laiterie ou pour l'engraissement; cela est conforme aux
données de la physiologie. Mais l'observation seule
pouvait apprendre qu'un mâle issu d'une très bonne
laitière donne naissance à des génisses qui ressemblent ordinairement à sa mère. C'est là pourtant un fait
hors de toute contestation. Le *nemo dat quod non habet*
trouve ici une exception remarquable.

J'y vois une preuve que le mâle, dans l'acte de la
procréation, n'exerce pas uniquement de l'influence sur
les appareils préposés à la vie de relation, comme on
l'a dit souvent, mais l'étend parfois à des aptitudes
fonctionnelles dépendant de la vie végétative.

On sait, d'ailleurs, que la disposition à l'engraissement est plus sûrement communiquée aux produits par
le taureau que par la vache.

Ces circonstances justifient pleinement les personnes
qui attachent un très grand intérêt au choix du mâle,
alors même qu'il s'agit de la production de bêtes exclusivement destinées à fournir du lait.

Est-il besoin d'ajouter que si une excellente laitière
ne donne pas toujours naissance à des génisses qui

héritent de ses qualités spéciales, du moins, et toutes choses étant égales d'ailleurs, il y a plus de probabilité que ces qualités se trouveront dans ses produits que dans ceux d'une femelle médiocre ou mauvaise?

C'est donc à tort que la plupart des cultivateurs achètent ou conservent un peu au hasard les animaux qu'ils veulent élever ou entretenir, sans consulter leur origine immédiate, et en ne tenant compte que de leurs caractères propres ou de leurs qualités apparentes.

Pour faciliter l'intelligence de ce qui précède, et à l'exemple de M. Collot, je vais résumer dans un tableau comparatif et mettre en regard les signes ou caractères extérieurs, positifs et négatifs, bons et mauvais, qu'il est nécessaire de connaître quand on veut prononcer sur les qualités des animaux.

TABLEAU RÉSUMÉ ET COMPARATIF DES BONS ET DES MAUVAIS SIGNES RELATIFS A LA PRODUCTION DU LAIT.

Bons signes.	**Mauvais signes.**
Attitude passive, physionomie douce, féminine ; regard limpide.	Attitude indiquant beaucoup de force et rappelant celle du jeune bœuf ou du taureau ; regard annonçant la défiance ou la méchanceté.
Signes de la santé ; poil brillant; yeux clairs, nets, non larmoyants ; marche aisée, sans raideur ; mouvements du flanc réguliers, étendus, faciles.	Aspect maladif ; poils piqués, hérissés ; yeux ternes, châssieux ou larmoyants , à demi fermés; mufle sec; marche embarrassée ; mouvements du flanc vites , irréguliers , sac-

Production régulière et suivie d'un veau chaque année, depuis l'âge de deux ans et demi ou trois ans.

Embonpoint médiocre ; appétit bon et soutenu.

Tempérament veineux-lymphatique.

Origine bonne, d'une race laitière, d'un taureau jeune, de bonne qualité et conformation, et d'une vache bonne, âgée de cinq à dix ans.

Age compris entre quatre et dix ans.

D'une grande douceur et docilité.

cadés ; toux avortée, fréquente après la marche ; haleine forte, jetage par les naseaux.

Chaleurs continuelles ; avortements antérieurs ; renversement du vagin ou de la matrice ; habitude de se téter.

Plaies ou contusions produites par le joug ; traces de sétons ou d'autres opérations chirurgicales.

Etat de graisse prononcé ou maigreur maladive ; appétit peu développé ou irrégulier ; lenteur ou nonchalance dans l'action de prendre la nourriture.

Tempérament sanguin, musculaire.

Origine indéterminée, ou d'une race sans réputation, d'un taureau âgé, en mauvais état, défectueux, fatigué par des saillies trop nombreuses, et descendant d'une vache sans mérite, d'une mère mauvaise nourrice.

Indocilité, sensibilité qui porte à ne se laisser toucher ni traire sans se tourmenter et se défendre.

Mamelles volumineuses, pendantes, couvertes d'une peau fine, souple, lâche, de poils doux, peu nombreux ; pis élastique, non charnu, ni dur, avec des veines superficielles, nombreuses et très-apparentes ; mamelles diminuant beaucoup de volume pendant la traite.

Trayons allongés, réguliers, égaux, écartés ; deux faux mamelons en arrière.

Veines mammaires grosses, flexueuses ; ouvertures ou *portes du lait du dessous* larges et écartées.

Veines périnéennes très saillantes, très visibles et flexueuses.

Gravure ou écusson très développé dans toutes ses dimensions, en hauteur ou en largeur, à contours réguliers, sans échancrure, couvert de poils fins, comme soyeux, avec teinte jaunâtre ; laxité, souplesse, et onctuosité de la peau ; épi ovale au milieu de l'écusson en arrière des mamelles.

Pis petit, dur, bosselé, résistant, sans souplesse, ne diminuant pas pendant la traite, couvert d'une peau grossière, sèche, de poils durs, raides, longs et nombreux.

Trayons petits, inégaux, irréguliers, très rapprochés, bosselés, couverts de verrues ; pas de mamelons rudimentaires en arrière.

Veines mammaires petites, sans flexuosités ; *portes du lait* étroites et rapprochées l'une de l'autre.

Veines périnéennes petites ou non visibles.

Ecusson petit, irrégulier, resserré, échancré, sans partie périnéenne, couvert de poils longs, raides et touffus, avec la peau épaisse, dure, sèche ; signes de la bâtardise.

Charpente osseuse, développée dans son ensemble, et régulière, mais légère.

Membres plutôt courts que longs, écartés, minces ; articulations saines ; cuisses plates et un peu maigres ; pieds minces, lisses, réguliers ; épaules maigres, saillantes, mobiles.

Corps allongé, arrondi, élargi ; échine droite, longue, large, flexible, sèche sans être trop saillante, avec des creux transversaux prononcés ; reins larges ; creux du flanc large et peu profond.

Poitrine arrondie, médiocrement large, longue et haute ; côtes courtes, minces, à courbure moyenne, plus faible en arrière des épaules.

Croupe large, régulière, peu chargée de chairs ; hanches ouvertes, élargies ; queue attachée haut, allongée, mince, flexible.

Ventre arrondi, volumineux, descendu sans être avalé, ni de forme irrégulière.

Tête légère, sèche, un peu allongée, accentuée ; mufle gros, humide ; naseaux ou-

Squelette volumineux, lourd, ou charpente osseuse trop étroite, comprimée.

Membres forts, gros, épais, rapprochés ; jointures fortes, noueuses ; pieds gros, épais, mal conformés ; cuisses et épaules fournies de chair et épaisses, ou minces, comme plaquées.

Corps étroit et comme aplati d'un côté à l'autre ; échine arquée, sans sillons transversaux, creuse chez une jeune bête ; reins étroits, trop longs ; flanc trop court ou trop creux.

Poitrine étroite, aplatie d'un côté à l'autre ; côtes sans courbure, plates, larges, épaisses, ou trop courbées en arrière de l'épaule.

Croupe étroite, inclinée ; hanches resserrées, oú arrondies et sans saillies osseuses ; queue attachée bas, grosse, courte, raide.

Ventre étroit, relevé ou avalé et comme bossué.

Tête forte, carrée, large ; chignon épais, non mobile, abondant en poils touffus ; mufle

verts ; bouche bien fendue ; lèvres épaisses, mobiles ; dents saines, larges, bien placées ; œil ouvert, à fleur de tête ; paupières minces, sans rides ni plis ; salières et larmier prononcés ; oreilles fines, souples, longues, garnies intérieurement de poils fins, longs, peu nombreux, et d'une matière grasse, jaunâtre, abondante.

petit, sec ; naseaux étroits ; bouche peu fendue ; dents jaunes ou noires, petites, irrégulières, mal rangées ; œil petit, enfoncé, terne, châssieux ; paupières ridées ; oreilles épaisses, raides, pleines de poils grossiers, sèches en dedans et de couleur pâle.

Cou aminci, surtout près de la tête.

Encolure forte, épaisse, musculeuse.

Peau fine, souple, lâche, élastique, moelleuse, d'un toucher doux, d'une teinte jaunâtre ; poils fins, doux, lisses, brillants.

Peau épaisse, dure, sèche, comme parcheminée et collée aux os ; poils grossiers, longs, touffus, rudes, ternes, dressés.

Cornes effilées, blanchâtres, lisses, un peu aplaties et de texture fine.

Cornes grosses, droites, rondes, rugueuses et de texture grossière.

Je placerai ici une remarque. Il m'a paru que jusqu'à présent on n'avait pas assez fortement insisté sur la nécessité de bien étudier les signes négatifs ou contraires. Ils ont cependant tout autant d'importance et méritent la même attention que les autres. On n'a pas moins d'intérêt à écarter, pour la production du lait, pour l'élevage, pour la multiplication, les mauvais animaux qu'à rechercher et propager les bons. Cette considération est d'autant plus puissante que de fâ-

cheux indices peuvent se trouver associés avec des indices favorables, et que l'on serait exposé à commettre
de graves erreurs si, dans l'examen, on ne tenait compte
que de ces derniers.

CHAPITRE II.

Produits de la Vache laitière.

1° DU LAIT, DU BEURRE ET DE LA LAITERIE.

Dans la plupart des circonstances, les vaches sont
entretenues pour leur lait. Ce produit est consommé
en nature ou transformé en crême, en beurre, en
fromage.

Lait. Le lait naturel de la vache est onctueux, très
opaque, d'un blanc mat, jaunâtre en été, quand les
animaux sont nourris d'herbe verte ; sa saveur est
douce, peu sucrée ; son odeur n'est sensible qu'au
moment de la traite et pendant qu'il est encore chaud.

Sa densité moyenne au lacto-densimètre est de 1,032.
Elle oscille entre 1,020 et 1,036.

Son degré moyen au lactoscope est de 30 ; il peut
varier de 27 à 35 ; au crêmomètre, il marque 11.

La réaction du lait, immédiatement après la traite,
est très légèrement acide. Sa température est de 33°
à 35° à sa sortie des mamelles.

Le lait est un aliment complet, par excellence, le
seul véritablement approprié aux besoins du mammi-
fère qui vient de naître.

L'analyse chimique y a fait découvrir :

1° Des matières grasses dont l'ensemble constitue le *beurre* ;

2° Des matières azotées, albuminoïdes, ⎱ formant le
3°   —   —   caséine,   ⎰ *caséum* ;

4° Une matière sucrée, *lactine*, *lactose*, *sucre de lait* ;

5° Des *substances minérales* : phosphate de chaux, de magnésie, de potasse, de fer, de manganèse, de soude ; chlorure de sodium, de potassium ; soude combinée ; silicates, lactate de potasse, fluorures, iode.

Le beurre est en suspension dans le lait sous la forme de petits globules visibles seulement au microscope.

Le caséum s'y trouve sous deux états, suspendu et dissous.

L'albumine paraît y être tenue en dissolution par la soude et les sels de soude.

Des sels, les uns suivent le caséum, d'autres restent en dissolution.

La lactine n'est pas un véritable sucre, car elle n'éprouve pas directement la fermentation alcoolique.

Pour les usages ordinaires, le lait de la vache est préférable à celui de la chèvre, de la brebis, de l'ânesse. Son goût est plus agréable, son aspect plus beau. Il contient beaucoup plus de beurre et de matière azotée et moins de sucre que le lait de l'ânesse et de la jument, moins de caséum que celui de la chèvre. Il a été analysé un grand nombre de fois.

Le tableau suivant fait connaître les proportions des principes constituants du lait de vache.

BEURRE	CASÉUM et sels insolu- bles.	SUCRE DE LAIT et sels solubles.	EAU.	NOMS DES AUTEURS DES ANALYSES.
4,00	3,6	5,00	87,40	Boussingault.
3,50	3,8	6,10	86,60	Quevenne.
3,70	5,0	6,00	85,30	Payen.
4,20	4,4	6,20	85,20	Payen.
3,10	4,5	5,40	87,00	Henry et Chevallier.
3,60	5,6	4,00	87,30	Lecanu.
2,68	8,95	5,68	82,69	Van Stiptrian et Bondt.
3,85	4,75	5,39	86,68	Bouchardat et Quevenne.

Le poids des substances minérales varie de 3, 5 à 7,0 grammes par kilogramme de lait.

Les matières sèches forment 12 à 15 centièmes du poids du liquide.

Les principes constituants du lait ne sont point intimement unis entre eux ; quand le liquide est en repos dans un vase, ils ne tardent pas à se séparer. La matière grasse, plus légère, monte à la surface, entraînant avec elle un peu de caséum; c'est ce qui constitue la *crème*. Le *caséum* se précipite presque en totalité et forme le *caillé* ou *fromage*. Enfin, le *sérum* ou *petit-lait*, composé d'eau tenant en dissolution ou en suspension le *sucre de lait*, les sels solubles, un peu de caséum et une quantité notable de globules de beurre, se sépare sous la forme d'un liquide transparent qui entoure le caillé.

Une température douce, uniforme, favorise la séparation des substances du lait. Celle de 10° à 12° paraît être la plus favorable. A 15° ou 20°, le lait aigrit vite, et le caillé qui se forme retient emprisonnée une partie de la crème qui n'a pas eu le temps de monter. La montée de la crème se fait en un ou deux jours selon la forme des vases et la température.

L'addition d'un peu d'acide concentré dans le lait détermine la coagulation dans un instant. Si l'acide était faible ou étendu d'eau, il serait nécessaire, pour obtenir le même résultat, d'élever la température de la masse à 60° ou 80°.

La présure à la dose de trente à cent gouttes coagule un litre de lait frais en une gelée ferme, à 20° ou 30°. L'addition d'un peu d'acide hâte le phénomène. Au-dessus de 40°, l'effet se produit moins bien ; à 100°, il n'a plus lieu.

Les fleurs d'artichaut, à la dose de 50 grammes pour un litre de lait, agissent sur ce liquide comme la présure, à 25° ou 30°.

Cette action est directe et particulière ; elle ne porte que sur le caséum suspendu, qui est seul coagulé.

Le sérum, d'abord emprisonné dans la masse, se sépare bientôt, entraînant avec lui le caséum dissous et des sels.

L'alcool *fait prendre* aussi le lait en précipitant le

caséum proprement dit, les matières albuminoïdes et le beurre. La lactine, les sels, avec quelques portions du caséum restent en suspension ou en dissolution dans le sérum.

Si, comme Gay-Lussac l'a observé le premier, on fait bouillir chaque jour du lait frais pendant quelques instants, en remplaçant toujours l'eau qui a été vaporisée, il reste liquide et ne se coagule pas.

Un gramme de bicarbonate de soude dissous dans un litre de lait retarde beaucoup la séparation des principes.

D'autres causes naturelles ou accidentelles exercent aussi une influence marquée sur l'état du lait.

La coagulation n'a plus lieu à 3° ou à 4°; la crème seule se sépare lentement et vient surnager le sérum, qui retient en dissolution tout le caséum.

Un état électrique prononcé de l'atmosphère, les orages violents, le mouvement, troublent la montée de la crème et la formation du caillé.

Ce qui précède, on a dû le comprendre, se rapporte au lait ordinaire de la vache et à celui de toute une traite par exemple, car sa constitution n'est point la même au commencement et à la fin de la mulsion.

Beurre. *Cent* de lait donnent en moyenne *dix* à *quinze* de crème, dont on peut extraire *deux* à *six* de beurre. Mais, dans la pratique, on n'obtient jamais toute la matière grasse; il en reste toujours une certaine quantité dans le caséum et dans le lait de beurre que l'on peut évaluer, même après les battages les mieux faits, à $1/25$ ou $1/28$ de la masse.

En moyenne, *vingt* à *trente litres* de lait donnent *quatre litres* de crème ou *un kilogramme* de beurre. *Un litre* de lait fournit *vingt-six* à *quarante-cinq grammes* de ce dernier produit.

. Le battage, destiné à séparer le beurre, s'effectue directement sur le lait ou sur la crème, et presque partout dans des instruments en bois appelés *barattes*.

La forme et la disposition de ces instruments varient beaucoup. La baratte ordinaire, avec piston et mouvement dans le sens vertical, est la plus répandue. On en a imaginé beaucoup d'autres qui battent une plus grande quantité à la fois et plus rapidement. On connaît surtout celle de Valcourt, de Suède. La baratte Stiernswart, remarquée à la dernière grande exposition, donnait le beurre en trois ou quatre minutes.

La durée et les résultats du battage ne dépendent pas exclusivement des instruments qu'on y emploie. Si la crème est froide, l'agglomération des particules du beurre peut demander un temps relativement très long, d'une heure à un jour. Si, au contraire, la crème est trop chaude, la matière grasse reste pour ainsi dire en fusion dans le lait et ne s'en sépare plus.

Dans le premier cas, un peu d'eau chaude mêlée à la crème hâte la séparation; dans le second, il faut entourer la baratte d'eau froide pour refroidir la crème

L'humidité, la malpropreté des instruments, l'acidité de la crème vieillie ou conservée dans un lieu trop chaud, rendent plus difficile et plus longue l'opération du battage. L'usage prolongé d'une nourriture sèche ou peu substantielle, l'état avancé de gestation, le mélange de plusieurs espèces de lait de divers âges, produisent les mêmes effets. Une ou plusieurs pièces d'argent mises au fond de la baratte font quelquefois prendre le beurre.

Le battage du lait, quels que soient les appareils qu'on y emploie, fournit un peu moins de beurre que celui de la crème.

Le beurre obtenu dans l'économie domestique n'est point pur ; il retient toujours un peu de caséum, de la matière albumineuse et de l'eau. Il a ordinairement une couleur jaune un peu foncée ; mais quand les animaux ne reçoivent que des fourrages secs, il est pâle ou tout à fait blanc. On peut donner à celui-ci cette teinte jaune estimée du consommateur, avec du jus de carottes, des fleurs de souci, du rocou, du safran, etc., etc.

La crème formée la première, après cinq ou six heures de repos, et avant que le caillé se soit formé, donne du beurre de première qualité, mais en moindre proportion. Le beurre d'Isigny est obtenu de cette manière, tandis que celui de la Prévalaye est extrait directement du lait.

On conserve le beurre très frais et de bon goût pendant plusieurs jours, en le mettant, après l'avoir préparé avec beaucoup de soins, dans des vases en porcelaine ou en verre étroits et un peu hauts, et le tenant couvert d'une couche d'eau froide un peu salée ou acidulée, que l'on renouvelle une ou deux fois par jour.

Quand on veut garder le beurre longtemps, le faire voyager, on est obligé de le saler. La proportion de sel à mettre en usage est de 500 grammes pour 6 ou 10 kilog. de beurre.

Le beurre retiré de la crème aigrie, celui qui n'a pas été suffisamment débarrassé du lait, qui a été coloré artificiellement, se conserve peu et *rancit* vite. On rétablit le beurre *rance* en le salant après l'avoir lavé et malaxé dans l'eau fraiche, claire et renouvelée.

L'on ne saurait trop insister sur la nécessité d'apporter la plus minutieuse propreté dans la conservation du lait et de la crème, dans la préparation du beurre. Les produits de cette nature les plus renommés doivent certainement une partie de leur mérite aux soins avec lesquels sont tenus les vases de la laiterie, à la vigilance introduite dans les manipulations.

Laiterie. La laiterie doit être placée dans un lieu tranquille et sain, ombragé et disposé de telle sorte que l'on y puisse maintenir une température constante de 12° à 15°, avec un pavé ou un dallage qui permette d'entretenir l'emplacement et les objets dans le plus grand état de propreté.

Les émanations insalubres, les vapeurs ammoniacales des étables, celles qui proviennent de la putréfaction des matières organisées gâtent le lait, le font *tourner*, le rendent parfois glaireux et filant.

Les vases en bois ou en grès tenus très proprement conservent bien le lait ; ce sont les meilleurs. Ceux de fer-blanc bien étamé sont les plus convenables pour le transport.

Les vases en fer, en cuivre, en plomb, en zinc, sont attaqués par le lait et lui communiquent des propriétés plus ou moins malfaisantes.

La crème monte plus vite et plus complètement dans les vases plats, peu profonds, ou dans ceux qui, avec peu de hauteur, ont une ouverture relativement large.

Bosc conseille de leur donner 6 pouces de hauteur, 15 pouces de diamètre en haut et 6 au fond.

En Suisse, en Hollande, les vases, ordinairement en bois de sapin, ont 5 à 8 centimètres de hauteur sur 60 à 90 centimètres de diamètre.

Dans le Holstein, ils ont 15 à 16 centimètres de profondeur sur 60 environ de diamètre. Dans le Glocester, dont les laiteries sont renommées, on se sert de vases très plats, et l'on n'y verse que 3 à 4 centimètres de lait.

Dans les vases hauts et étroits, la crème monte difficilement et lentement, le caillé en retient une partie. Elle monte plus librement et en plus grande quantité dans ceux dont la largeur est relativement très grande.

La température de 10° à 12° est la plus favorable à la séparation exacte de la crème. La montée a lieu lentement, mais complètement.

2° DE QUELQUES INFLUENCES SUR LA PRODUCTION ET LES QUALITÉS DU LAIT.

Climats. Saisons. Les climats tempérés et humides sont plus favorables à la production du lait que les climats chauds et secs ou froids. Les vaches perdent à être transportées du Nord au Midi. Elles gagnent toujours dans un changement en sens opposé, pourvu que leurs nouvelles conditions d'existence ne leur soient pas directement nuisibles.

En hiver, le lait est plus pâle et moins caséeux, toutes choses étant égales d'ailleurs. Pendant le printemps, qnand le bétail fréquente les pâturages ou reçoit à l'étable une bonne alimentation verte, le lait est plus gras et de meilleure qualité. Sa quantité est également plus considérable, parce que les animaux mangent davantage, prennent une nourriture plus aqueuse, d'une plus facile digestion,

Age des animaux La génisse peut mettre bas son premier veau à l'âge de 20 ou 24 mois, et même plus tôt. Mais ce n'est point après une première parturition, quelle qu'en soit l'époque, qu'elle se trouve en possession de toutes ses qualités comme laitière. Jeune, elle continue à croître, à grossir, à prendre de la taille; ses mamelles, non encore développées, n'ont pu acquérir toute leur activité sécrétoire; une partie des matériaux que, plus tard, elles auraient soustraits au sang, est alors utilisée au profit de l'individu.

Ce n'est guère qu'après son troisième ou quatrième veau qu'une vache donne tout son lait; et ses qualités se conservent sans diminution bien notable jusqu'à la vieillesse, si, par suite de dispositions natives ou d'un régime abondant et substantiel, elle ne s'engraisse point.

Néanmoins, les vieilles bêtes ne sont plus aussi productives que dans leur âge moyen. Dès leur dixième ou douzième année, leur lait, à moins qu'elles ne soient atteintes de phthisie, devient plus gras, plus crémeux, et diminue de quantité. On dit communément que le meilleur âge de la vache, pour le rendement, est de

4 à 10 ans. Les bêtes d'excellente nature restent bonnes jusqu'à 12 ou 15 ans, et même au-delà.

Age du lait. *Colostrum.* Immédiatement après le part, et pendant les quelques jours qui suivent l'accouchement, le lait a une saveur fade, une réaction fortement alcaline. Il est demi-transparent, visqueux, jaunâtre, et se couvre, par le repos, d'une crème jaune donnant beaucoup de beurre coloré. La chaleur le fait prendre en grumeaux et *tourner*.

Sous cet état, le lait reçoit les noms de *colostrum*, de *mouille ;* il agit sur le veau comme un léger purgatif. Sa densité est de 1,032 à 1,062. Il diffère du lait normal par sa richesse en matières albumineuses, ce qui le fait coaguler par la chaleur. En général, il contient plus de beurre que le lait normal, moins de sucre de lait et peu ou pas de caséum. Le poids de sa matière sèche est de 14 à 18. Il renferme souvent des stries de sang. Sa décomposition est encore plus rapide que celle du lait ordinaire.

Au reste, sa composition se modifie rapidement. Parfois, dès le lendemain du vêlage, il peut bouillir sans se coaguler. Souvent les nourrisseurs le mêlent avec l'autre le troisième ou le quatrième jour. A peu près constamment du cinquième au huitième jour, il a repris la constitution du lait ordinaire.

Le colostrum ajouté en certaine proportion à du lait normal peut provoquer dans celui-ci une fermentation qui le rend visqueux.

Il résulte des observations de M. Lassaigne que le lait, trente ou quarante jours avant le part, ne renferme que de l'albumine sans caséum. Plus tard, vingt à trente jours après cette première époque, le caséum se montre de nouveau.

Le lait augmente ordinairement en quantité, du jour du vélage au trentième ou quarantième jour suivant. A dater de cet instant, il diminue plus ou moins vite, mais ses qualités s'accroissent. Il est plus riche en parties solides et surtout en matière grasse.

G. Heuzé[1]. Boisson.

Un litre de lait a donné en beurre,
- à 2 mois, 30,20ᵍ 25,41ᵉ
- à 4 mois, 37,00 37,89
- à 8 mois, 44,60 45,81

« A partir du moment de la parturition, disent
» **MM.** Bouchardat et Quevenne, le lait subit continuel-
» lement des changements à mesure qu'il avance en
» âge; ces changements sont profonds et rapides dans
» les premiers jours, et portent non seulement sur les
» proportions, mais aussi sur la nature des éléments;
» plus tard, dans le lait devenu normal, ils sont bien
» moins marqués, et ne se manifestent plus que dans
» les proportions relatives et la saveur de ces élé-
» ments; le lait devient un peu plus concentré, plus
» sapide, et, par suite, plus nutritif.

» Il faut croire que la nature, en modifiant ainsi
» continuellement, chez tous les mammifères, cet ali-
» ment complexe que la mère doit offrir au nouveau-né,
» le conforme aux changements successifs qui s'opè-
» rent dans les organes de ce dernier, de sorte que le

----

(1) G. Heuzé, *Moniteur des Comices*, 3ᵉ année, p. 274.

» premier lait, le colostrum, est pour lui le meilleur au
» moment où il vient de naître, tandis que, plus tard,
» ce même lait altérerait l'harmonie de ses fonctions,
» qui nécessitent alors un aliment plus substantiel(1). »

On peut aussi tirer de là cette conclusion économique, qu'il faut consommer ou vendre le lait nouveau et faire du beurre avec le lait ancien.

Quand les vaches sont en chaleur, le lait est moins bon ; il renferme moins de matière grasse et azotée, et devient sensiblement aigre et séreux.

3° CONSERVATION DU LAIT.

Le lait est un produit d'une décomposition rapide. Quelques instants, quelques jours suffisent, quand il est abandonné à lui-même dans des vases ouverts, pour amener la séparation de ses principes constituants, changer son état physique et peut-être modifier sa composition chimique.

De nombreux moyens ont été proposés et essayés pour lui conserver ses propriétés, sinon son état. Les uns sont inefficaces, les autres sont d'un emploi difficile. Je n'indiquerai que le suivant, qui est applicable en grand et à peu près dans toutes les situations. MM. Bouchardat et Quevenne me fourniront les éléments de sa description.

Les pots de lait étant remplis, on les place dans une chaudière ou caisse en tôle disposée sur un fourneau

---

(1) Bouchardat et feu Quevenne, *Du Lait en général, etc.*
2ᵉ fascicule, page 116, 1857. Paris, Mᵐᵉ Bouchard-Huzard.

et contenant de l'eau jusqu'à une hauteur de dix centimètres. L'appareil étant couvert, on chauffe jusqu'à ébullition de cette eau. De temps en temps on découvre, et quand on s'aperçoit, au gonflement du lait, que sa température atteint 85° à 90°, on enlève les pots, que l'on porte dans une auge en pierre placée au-dessous d'une pompe et environnée d'eau fraîche que l'on renouvelle souvent. Pendant le refroidissement, on agite le lait de manière à empêcher la formation d'une pellicule à sa surface.

Le lait, ainsi traité, conserve son aspect et sa saveur, ainsi que ses degrés densimétriques et lactoscopiques; il est plus transportable et moins altérable que le lait ordinaire.

4° ALTÉRATIONS, FALSIFICATIONS ET ESSAI DU LAIT.

Altérations naturelles. Tout ce qui occasionne des déperditions ou de la gêne et de la souffrance, tout ce qui diminue l'appétit ou trouble la digestion et les autres fonctions principales, nuit à la sécrétion du lait. Ainsi, le travail, les marches longues et forcées, la chaleur qui excite la transpiration, le froid excessif qui resserre les tissus et ralentit les mouvements vitaux, les pluies qui mouillent la surface du corps, sont dans ce cas.

La douleur occasionnée par des maladies, le défaut de repos, de sommeil, la suppression de la rumination, produisent le même effet. Il en est encore ainsi de la contrainte, des mauvais traitements.

Dans toutes ces circonstances, la proportion des

substances salines se trouve plus ou moins augmentée, tandis que celle des autres principes a diminué, à l'exception peut-être de celle du beurre.

Les maladies à marche lente, comme la phthisie, n'amènent pas toujours ce résultat dès leur début. Il arrive cependant tôt ou tard.

Ce sont, je n'ai pas besoin de le dire, les affections des organes digestifs, des mamelles, des poumons, les altérations du sang, qui ont l'influence immédiate la plus marquée sur la sécrétion du lait. Ce liquide peut même recéler parfois des virus qui en rendent l'usage dangereux.

La saignée, les trochisques, les sétons qui soustraien des matériaux à l'économie; les purgatifs, les sudorifiques, les diurétiques qui détournent le sang de son cours naturel et activent les sécrétions de l'intestin, de la peau, des reins, diminuent la production du lait à un degré qu'il est impossible d'indiquer théoriquement. Cette diminution, dans ces derniers cas comme dans les précédents, peut aller jusqu'à la suppression entière.

Dans la phthisie calcaire ou pommelière, le lait devient albumineux, moins digestible, et il *tourne* aisément. Il en est de même dans la péripneumonie épizootique, le typhus contagieux, la stomatite aphtheuse ou *cocotte*. Lorsque cette dernière maladie est grave et occupe la surface des mamelles et l'intérieur des mamelons, le lait devient filant, sa réaction est alcaline, il renferme des globules analogues à ceux du pus. On ne peut en faire usage, il peut même être très nuisible et rapidement mortel pour les veaux qui tètent. Dans le même cas, il produit des aphthes dans la bouche des personnes qui le boivent sans l'avoir fait bouillir.

Dans le charbon épizootique grave, le lait peut contenir du virus et transmettre à l'homme une maladie mortelle.

Pendant l'inflammation des mamelles suivie d'abcès, le lait renferme du mucus purulent qui en altère la composition.

Les cultivateurs feront bien, dans toutes ces occasions, de sacrifier le produit; s'ils voulaient le donner aux porcs, par exemple, il serait prudent de le faire bouillir.

Au reste, le sacrifice n'est pas ordinairement bien grand, car toutes les maladies diminuent ou suspendent l'activité des mamelles.

Parfois le lait devient visqueux et filant, sans cause apparente; cette altération peut être due à la malpropreté des vases dont on se sert.

Lait bleu. Une des altérations les plus fàcheuses que le lait puisse éprouver, altération heureusement assez rare, est celle qui lui a fait donner le nom de *lait bleu.*

Celui qui doit la présenter n'est pas bleu d'abord, et, au moment de la traite, rien ne le distingue d'un produit ordinaire. Mais quand la crème commence à monter, il se forme à la surface des taches bleuâtres, circulaires, qui s'élargissent, se rapprochent, se confondent et envahissent toute l'étendue. Quand elles ne s'étendent plus en surface, elles gagnent en profondeur, et toute la masse peut, à la fin, paraître bleue.

La coloration de la crême est toujours plus intense que celle du lait ou du caséum qu'elle surnage. Le caséum semble même n'être qu'infiltré ou imprégné d'un liquide vert bleuâtre.

Le beurre obtenu de la crême altérée est d'un blanc sale et rancit facilement.

On peut conclure de ces observations que la matière colorante bleue n'est pas attachée à la substance du beurre et du caséum.

Abandonnée à elle-même, la crême ne conserve pas indéfiniment sa couleur ; dans les endroits où elle était bleue, elle se couvre de taches d'un blanc terne.

Le lait bleu se décompose rapidement et devient aigre ; on ne peut en tirer aucun parti.

La cause immédiate de sa coloration a fait l'objet de nombreuses recherches. Parmentier, Deyeux, Klaproth l'ont vue dans une matière colorante provenant des plantes, et Hermbstraedt cite à cette ocasion l'esparcette, la buglosse, la prêle, la mercuriale, la renouée des oiseaux, le sarrasin, le pastel, etc. Lesage, Liebig croient y reconnaître un produit de la réaction de l'ammoniaque sur certaines substances végétales.

Bailleul attribue cette coloration au développement d'un *byssus* que Braconnot appelle *byssus cœrulea;* Fuchs à la présence d'un animalcule microscopique multiplié à l'infini, à un *vibrio* qu'Ehrenberg appelle *vibrio cyanogenus.*

Cette dernière opinion est généralement admise. Mais d'où vient cet animalcule ? quelle est la cause première de sa formation ? Est-ce, comme le croyait Chabert, une maladie spéciale? Est-ce la malpropreté des vases de la laiterie ou l'usage prolongé du fourrage des prairies artificielles, d'aliments avariés, moisis?

Le lait bleu paraît être plus commun en été qu'en hiver. L'altération est plus forte par la chaleur; elle diminue par le froid.

J'ai remarqué, et l'observation a dû être faite par d'autres, que, dans les mêmes conditions hygiéniques, toutes les vaches ne donnent pas du lait bleu; que la même vache n'en fournit pas tous les jours, et enfin que le lait provenant d'une même traite ne devient pas nécessairement bleu, s'il est placé dans des vases différents.

On a dû chercher à prévenir, à corriger une altération aussi funeste que celle dont il s'agit. Divers moyens ont été recommandés, mais sans grand succès; tels sont l'extrême propreté des vases, l'usage du sel, des fourrages salés, des substances amères, toniques.

M. Marchand assure que le marnage des terres argileuses empêche le lait bleu. Selon lui, on rétablit le lait altéré en faisant prendre tous les matins aux vaches un peu de craie, ou de l'eau de son dans laquelle on a versé une cuillerée de bicarbonate de soude avec un peu de sel.

Un auteur allemand, Gielen, conseille, pour empêcher la formation des taches bleues, de verser, en agitant, dans un litre de lait sur lequel on a des craintes, une cuillerée de lait de beurre. Selon M. Daprey, quatre à cinq cuillerées de lait caillé donneraient le même résultat. Et ce qui paraît singulier, c'est que ces substances agissent de même quand elles proviennent de lait bleu. Ce moyen est si simple, si facile à mettre en pratique, qu'on ne saurait trop en répandre la connaissance.

Le lait qui provient d'aliments très peu nutritifs prend une teinte bleuâtre générale, quelquefois assez prononcée pour que les cultivateurs le regardent comme *gâté* et le donnent aux animaux.

Lait jaune. Il est une autre altération du lait, analogue à la précédente, mais beaucoup plus rare, et qui consiste dans une coloration jaune. Fuchs l'attribue à la présence d'un infusoire, le *vibrio xanthogenus*.

Lait rouge. Le lait prend aussi parfois une teinte rougeâtre uniforme. Quand cet état n'est pas dû à l'usage de certaines plantes telles que la garance, le caille-lait, il est regardé comme le signe d'une abondante lactation. Cette dernière remarque a été faite par M. Loiset.

Les stries rougeâtres que l'on aperçoit quelquefois dans le lait sont produites par un peu de sang provenant d'un petit vaisseau rompu pendant la traite. Cet accident est sans gravité; mais il prouve que la mulsion doit être faite avec légèreté et précaution, surtout quand les vaches sont fraîches au lait et ont les mamelles pleines.

Dans aucun cas on ne doit cesser de traire sous prétexte que le lait est altéré et impropre à la consommation.

Lorsque le lait, par suite de mauvaises digestions ou par l'usage d'aliments de mauvaise qualité, a été rendu aigre, il faut soumettre les animaux à un régime doux, auquel on fait bientôt succéder une bonne alimentation. On mêle aussi à la nourriture du sel, des baies de genièvre, et au besoin un peu de poudre de gentiane.

Beaucoup de médicaments sont éliminés du corps par les mamelles et se trouvent dans le lait; de ce nombre sont l'iode, les préparations de quinquina. La présence du mercure a été constatée dans ce liquide après des frictions mercurielles sur la peau.

Falsifications. Les falsifications et les manipulations que l'on fait subir au lait normal sont moins variées qu'on ne le croit vulgairement. Elles ont toutes pour but : 1° d'augmenter la masse du liquide par l'addition de l'eau; 2° d'extraire de la crème avant de mettre le lait en vente; 3° de rétablir le lait dans son état primitif, en apparence du moins, par l'emploi d'émulsions diverses, grasses ou huileuses, d'œufs, d'amidon, etc., pour lui rendre sa densité et son opacité; et par l'usage du caramel, du jus de carottes, de jaunes d'œufs, etc., pour lui rendre la nuance jaunâtre des produits de belle qualité.

Essai du lait. L'analyse chimique peut seule faire connaître la véritable composition du lait et les proportions de matières grasses, de caséum et d'eau qu'il renferme.

Les autres procédés suffisent pour les cas ordinaires, mais ils ne sont pas exempts d'erreur.

Tout essai à l'aide des instruments spéciaux doit être précédé ou accompagné de la dégustation et de l'action de la chaleur.

Le **lacto-densimètre**, que l'on appelle encore *pèse-lait*, est une espèce d'aréomètre indiquant en réalité le poids d'un litre de lait pesé à la balance ; seulement il est chiffré de manière à faire connaître ce qui dépasse mille grammes. Plus le degré est élevé, plus le lait doit être jugé riche en caséum et en lactine. Le bon lait marque en moyenne 1,032, à la température de 15°. Au-dessous de 1,029, le liquide peut être tenu pour médiocre ou additionné d'eau ; car on ne saurait avoir aucun intérêt, pour le rendre léger, à y ajouter de la crème.

Le lacto-densimètre n'apprend rien sur la proportion de matière grasse que renferme le lait ; on la découvre par l'emploi du crèmomètre ou du lactoscope.

Le **crèmomètre** est une éprouvette à pied, ayant 0^m140 de hauteur et environ 0^m038 de largeur, et pouvant contenir deux décilitres de liquide. Elle est divisée en degrés de haut en bas. Le lait à essayer est placé dans cette éprouvette, qu'on laisse en repos pendant vingt-quatre heures, à une température constante de 10° à 12°. L'échelle tracée sur l'instrument indique la proportion de crème en volume.

Le bon lait doit marquer 11° à 12°.

Le crèmomètre ne peut être avantageusement employé à l'essai du lait qu'on a fait bouillir. Dans ce dernier cas, il faut recourir au lactoscope, dont les renseignements sont d'ailleurs de même nature.

Le **lactoscope** ressemble à une lorgnette. « Il se » compose de deux lames de verre, pouvant s'éloigner » ou se rapprocher au moyen d'un pas de vis très fin.

» Une petite quantité de lait (en général il en faut moins
» de deux grammes) étant introduite entre les deux
» lames, il en faudra, pour produire un même degré
» d'opacité, une couche très mince si le liquide est
» riche en matière grasse ou crémeuse ; il en faudra
» davantage s'il est pauvre. Pour apprécier le degré
» d'opacité, on prend son point de mire sur la flamme
» d'une bougie. Une échelle graduée sur l'instrument
» permet de lire le degré auquel on s'est arrêté. Moins
» on trouve de degrés, plus le lait est riche (1). »

Le lait naturel marque de 23° à 40°, en moyenne 30°.

5° RENDEMENT DES VACHES LAITIÈRES.

Le rendement des vaches est très variable. La taille,
le régime, les soins, les aptitudes naturelles et cent
autres choses exercent une influence incontestable sur
l'état et sur la quantité du sang, sur les fonctions des
mamelles, et conséquemment sur la quantité et sur les
qualités du produit sécrété par ces derniers organes.

Je veux, dans ce chapitre, essayer de faire connaître
le rendement absolu des vaches en lait, en beurre, en
fromage, autant que possible indépendamment des circonstances extérieures dans lesquelles les animaux
peuvent se trouver. Les considérations théoriques et
les résultats pratiques que je vais réunir ici serviront
de base et de point de départ à l'étude comparative des

---

(1) *Instruction pour l'essai et l'analyse du lait*, par **M.** Bouchardat et feu Quevenne, p. 14. 1857.

races et des individus, et c'est en cela que résidera leur utilité.

Il est aisé de mesurer, de peser les produits quotidiens d'une vache, de manière à établir avec certitude la somme de lait ou de beurre qu'elle donne dans un moment ou dans une situation donnés. Mais ce qui offre de la difficulté, c'est de rendre les observations comparables ; c'est de déterminer le rapport moyen du produit au poids du fourrage consommé, pour en déduire le mérite réel des animaux et le bénéfice que l'on doit espérer d'eux.

Bien peu de propriétaires cherchent à se rendre compte du produit de leur bétail. Les plus soigneux se contentent presque toujours de résultats approximatifs.

Lorsque l'on veut arriver à une appréciation exacte, on peut prendre pour base du calcul la quantité de lait ou le poids du beurre ou du fromage obtenu entre deux vélages. Cette dernière période de temps assignée aux recherches dont il s'agit n'est pas trop longue, car le régime change avec les saisons, l'activité des organes diminue ou s'accroît avec l'état de gestation ou de vacuité, et tous ces changements influent sur la quantité et sur la constitution chimique du lait. Enfin, il faut se rappeler que l'âge même apporte des fluctuations dans la production ; qu'une bête soumise à un régime quelconque ne donne, pendant toute la vie, ni une égale quantité de lait, ni un produit de composition identique.

On ne peut bien juger des qualités d'une vache qu'en

étudiant isolément ses produits. Les observations où se trouvent confondus plusieurs animaux fournissent sans doute les éléments nécessaires pour établir le compte général d'une étable ; mais la moyenne, déduite des expériences, peut n'être applicable à aucune des bêtes qui ont servi à la constituer, et s'éloigner même beaucoup de la part qui devrait revenir en propre à une ou plusieurs d'entre elles.

Je sais que dans cette confusion, dans ce mélange des produits, il y a compensation entre les bonnes et les mauvaises laitières ; mais c'est toujours au grand avantage de ces dernières, qui sont ainsi estimées au-dessus de leur mérite vrai, et conservées, tandis qu'on devrait les remplacer par d'autres, puisqu'elles ne paient point assez cher la nourriture et les soins qui leur sont consacrés.

Ce défaut de renseignements précis sur le rendement des vaches est souvent une cause de pertes considérables pour les propriétaires qui gardent dans les pâturages ou dans leurs étables des parasites dont la place serait bien plus utilement occupée par des sujets d'un meilleur choix.

Une différence d'un ou de deux litres pour chaque traite semble peu de chose, et pourtant, dans le cours d'une année de production, elle peut s'élever à cinq cents, à mille litres de lait.

Notons bien qu'il n'est ici question que des différences partielles dont on ne se préoccupe point, que les gens chargés de soigner les animaux ne remarquent même pas. Mais on va voir que les différences de produits, entre animaux exigeant les mêmes dépenses d'entretien, peuvent atteindre des proportions bien autrement fortes.

Ces remarques ne sont pas également applicables à toutes les situations. Elles ont la plus grande importance pour les exploitations où l'on spécule sur le lait, le beurre ou le fromage, parce que tout ici doit être prévu et dirigé en vue de la plus abondante production. Elles ne laissent pas néanmoins d'offrir encore beaucoup d'intérêt pour les propriétaires qui, attachant moins de prix à ces produits, font travailler leurs animaux pendant une partie de l'année, veulent faire beaucoup de fumier ou se livrer à l'élevage des veaux.

Et d'abord, comme j'ai eu l'occasion de le dire, la vache, avant d'être laitière, est nourrice, et la production du lait n'est pas absolument en opposition avec les efforts musculaires, avec un travail modéré. Le lait est, en outre, un produit de chaque jour, d'une utilité constante, tandis que le travail n'est pas continu.

Que penseraient du marchand qui achéterait et vendrait, sans savoir ce que lui coûtent les objets de son commerce, sans connaître les bénéfices qu'il fait ou qu'il pourrait faire, que penseraient de ce marchand, disons-nous, les personnes qui nourrissent et entretiennent des animaux sans rechercher, sans calculer ce que rend chacun d'eux?

J'ai dit que, pour se faire une idée juste du rendement des vaches, il ne suffisait pas de l'étudier pendant quelques jours ou à un moment donné.

Le produit le plus fort, celui que l'on obtient peu de

temps après le vélage, ne donne pas toujours la mesure exacte du mérite d'un animal, car ce produit est plus ou moins bon, et il peut subir des diminutions plus ou moins rapides. Il importe donc, pour avoir tous les éléments du problème, de connaître la quantité et la qualité du rendement initial et les variations qu'il éprouve successivement à mesure que l'on s'éloigne de l'époque du part, c'est-à-dire le *taux* journalier et la durée de la lactation.

Les développements qui vont suivre justifieront surabondamment ces observations.

Rendement en lait. Une vache de qualité supérieure, comme on en trouve beaucoup dans les races de la Hollande, de la Flandre, de la Suisse, peut donner, quand elle est fraiche au lait, 25 à 30 litres et plus de lait chaque jour; tandis qu'une bête charolaise, gasconne, de valeur moyenne, n'en donnera dans le même temps que 6 à 8 litres, et il est grand nombre de vaches, en France, qui n'atteignent pas ces derniers chiffres.

Dans les localités où l'on fait travailler fortement les vaches, on ne retire presque pas de lait de celles qui sont médiocres ou mal entretenues. Immédiatement après le part, ou peu de temps après le sevrage du veau, on laisse tarir la sécrétion.

Entre les extrêmes de production, il y a place pour une foule d'intermédiaires.

Essayons de préciser davantage. Une très bonne vache, convenablement logée et nourrie, fraiche au lait, présentant l'ensemble des caractères ou signes accusant une bonne et abondante lactation, ayant un écusson bien développé et régulier, pourra donner, après son troisième ou quatrième veau, 12, 20 ou 30 litres de lait par jour, selon sa taille, et elle ne tarira véritablement pas.

Si elle appartient à une race reconnue pour excellente laitière, on devra, dans son examen, attribuer aux signes favorables la plus haute valeur.

Les vaches bonnes qui, dans leur conformation, dans l'étendue et les contours de l'écusson, présentent quelques défauts, des imperfections qui les font placer au-dessous des meilleures laitières, fournissent, dans des conditions analogues, 10, 15 à 20 litres de lait, selon leur taille. On peut les traire jusqu'au sixième ou septième mois de la gestation suivante.

Les vaches médiocres, celles dont la conformation n'accuse pas une faculté lactifère notable, offrant bon nombre de signes négatifs ou contraires, qui ont, par exemple, le pis peu développé, les veines petites, l'écusson irrégulier ou rétréci, la tête forte, les membres gros, produisent, selon leur taille, 5, 8, 12 litres de lait par jour. Devenues pleines de nouveau, la sécrétion diminue rapidement, et l'on cesse de les traire quatre à cinq mois avant la mise bas.

Les laitières décidément mauvaises ne donnent qu'une quantité insignifiante de lait relativement à leur taille et à la nourriture qu'elles prennent. *Fraîchement vêlées*, elles ne dépassent point 4 ou 6 litres, et elles tarissent rapidement. Ces bêtes présentent un ensemble de caractères décelant une complète inaptitude à la lactation. C'est parmi elles que viennent se ranger les vaches *taurelières*, infécondes ou difficiles à féconder. Toutes sont des nourrices insuffisantes pour leurs veaux, qui se développent mal et ne s'engraissent pas sans un supplément de nourriture.

Elles sont parfois remarquables par l'ampleur et la régularité de leurs formes, par leur air décidé, la vivacité de leurs mouvements et un embonpoint soutenu. Ces apparences, qui n'indiquent que la vigueur et la santé, et parfois aussi une disposition à prendre la graisse, peuvent bien séduire un observateur superficiel, mais le véritable connaisseur ne s'y trompe jamais.

Il est à peine besoin d'ajouter que de bonnes bêtes peuvent devenir accidentellement et rester définitivement mauvaises par suite de maladies chroniques du poumon, de la matrice ou des mamelles ; que des différences marquées dans la quantité de nourriture consommée font aussi varier considérablement le produit.

Que l'on juge après cela de la diversité du rendement en lait des vaches laitières et du puissant intérêt que l'on doit attacher à un bon choix d'animaux, de l'avantage enfin que l'on retirerait de la substitution des bonnes vaches aux mauvaises, dans un pays comme le nôtre, où ces dernières sont malheureusement si nombreuses.

Ces vérités ressortiront mieux encore quand j'aurai fait connaître l'influence qu'exerce sur le rendement total, effectif, la durée de la lactation.

On n'aurait en effet qu'une idée très imparfaite des

aptitudes d'une vache pour la production du lait, si l'on se bornait à constater son rendement quotidien. après le vélage. Chez les meilleurs animaux, le produit diminue bientôt et descend progressivement aux deux tiers, à la moitié, au quart; il se maintient ainsi longtemps à un minimum quelconque, si les vaches ne sont pas fécondées ou si elles ne s'engraissent pas.

Dans ce dernier cas, la production se restreint à mesure que se prononce l'état de graisse, et finit par cesser tout à fait quand celui-ci est avancé.

Lorsqu'il y a eu fécondation, le lait diminue graduellement et avec plus ou moins de rapidité. Il est de très bonnes laitières que l'on trait encore quelques jours avant l'accouchement et qui fournissent plusieurs litres de lait.

Si l'on suppose les vélages séparés par un intervalle de douze mois, une bonne laitière pourra produire pendant les trois premiers mois une moyenne de 15 litres de lait par jour, pendant les trois mois suivants 12 litres, dans un autre trimestre 8 litres, et enfin pendant les trois derniers mois, 3 litres. En somme, elle aura donné dans l'année 3,420 litres, et chaque jour une moyenne de 9,6 litres.

Admettons que cette vache porte les marques de la bâtardise et qu'elle perde vite son lait, elle donnera dans les trois premiers mois 13 litres par jour, dans les trois mois suivants 8 litres, puis 4 dans les trois qui viendront ensuite, et enfin 1 litre dans les trois derniers. En somme, elle aura produit dans l'année 2,340 litres, et par jour 6,6 litres. Différence avec la précédente, 1,080 litres de lait valant 108 francs et pouvant faire à peu près 36 kil. de beurre.

Ces deux bêtes avaient la même taille, recevaient les mêmes soins et une nourriture semblable.

Les vaches qui perdent vite leur lait peuvent avoir une bonne conformation; néanmoins, un œil exercé reconnaît bientôt en elles les signes qui indiquent le défaut que je signale : la peau est épaisse et dure, les poils sont abondants et rudes, ceux qui bordent la gravure ou la recouvrent sont longs et grossiers, la gravure, grande en apparence, présente des échancrures qui en réduisent les dimensions et en altèrent les contours. Enfin on remarque ordinairement vers la pointe de la fesse ces plaques ou lignes de poils remontants qui caractérisent les vaches bâtardes.

Les signes de la bâtardise et la perte rapide du lait se rencontrent bien plus souvent sur les vaches médiocres ou mauvaises que dans les bonnes et très bonnes d'ailleurs, c'est-à-dire abondantes après la mise bas, et leur influence est en quelque façon encore plus grande. Ainsi, une vache de mauvaise qualité, qui ne donne, fraîche au lait, que 6 à 8 litres, et qui cesse d'en produire au bout de quatre ou cinq mois, n'a fourni au total que 600 à 800 litres dans une période de douze mois, et en moyenne 2 litres environ par jour.

Ces faits, faciles à vérifier, appuient la recommandation que j'ai déjà émise et sur laquelle j'insisterai encore, de consulter avec soin les signes qui accusent la bâtardise. Je suis entièrement de l'avis de M. Cordier, quand il dit que l'on oublie trop souvent les indices d'une rapide diminution dans la lactation, pour ne s'occuper que de ceux qui annoncent un rendement immédiat considérable.

Le rendement total, pour une période comprise entre deux vélages, est celui qu'il importe surtout de déterminer; il est du moins le seul qui accuse le mérite réel des animaux. Ce rendement varie ou peut varier d'un individu à un autre, selon leurs qualités natives, leur taille, etc., et pour un même animal, suivant son régime alimentaire et toutes les autres circonstances de son hygiène. On ne peut se dissimuler qu'il est souvent bien difficile d'apprécier le degré d'influence qu'exercent sur la lactation les divers détails d'une situation économique, et conséquemment que l'on ne peut fixer qu'avec réserve le rendement moyen annuel ou quotidien d'une catégorie d'individus.

Je fais cette remarque pour que l'on n'oppose pas aux chiffres généraux que je vais produire des chiffres particuliers qui ne se rapporteraient qu'à un fait, et qui, introduits dans la statistique, n'en auraient pas changé les résultats.

Il ressort d'expériences comparatives que les excellentes laitières, de taille assez forte, entretenues dans de bons pâturages où elles trouvent de l'herbe à discrétion, donnent en moyenne 10 à 12 litres de lait chaque jour pendant dix mois, ou 3 à 4,000 litres par an. Dans les étables des grandes villes, elles produisent un peu moins, 8 à 10 litres par jour et 2,500 à 3,000 litres par an; enfin, sur les montagnes, où l'air est plus vif et l'herbe moins abondante, elles donneraient 6 à 8 litres par jour, ou 1,800 à 2,500 dans la période indiquée.

Ce sont les meilleures laitières qui gardent le plus longtemps leur lait, raison qui s'ajoute encore à toutes celles qui, d'ailleurs, doivent faire rechercher de préférence ces animaux.

Une vache cotentine, de qualité moyenne, jeune, de taille forte, nourrie à discrétion dans un herbage abondant, a donné en moyenne, pendant les mois de mai, juin et juillet, 19 litres 1/3 par jour, et pendant les mois d'août et septembre, 14 litres.

Les vaches suisses, de la race de Fribourg, donnent, sur les bons pâturages des Alpes, jusqu'à 12 litres par jour, pendant trois ou quatre mois.

Voici des chiffres empruntés à plusieurs auteurs et se rapportant à des races déterminées :

Race hollandaise, 4,000 à 5,000 lit. par an; 12 à 15 lit. par jour.
— flamande,   4,000 à 5,000 lit. par an; 12 à 15 lit. par jour.
— du Holstein, 3,000 à 3,500 lit. par an; 10 à 12 lit. par jour.
— cotentine,   3,000 à 3,500 lit. par an; 10 à 12 lit. par jour.
— d'Ayr,   3,000 à 4,000 lit. par an; 10 à 13 lit. par jour.
— suisse,   2,500 à 3,000 lit. par an; 8 à 10 lit. par jour.
— de Durham, 2,000 à 3,000 lit. par an; 6 à 8 lit. par jour.

Ces moyennes ont été obtenues en supposant un rendement de 300 jours par année. Elles se rapportent certainement à des animaux de choix ; on ne saurait les accepter qu'avec cette observation. Elles seraient trop fortes pour représenter la production des races.

Quelques animaux des races les plus répandues dans le département du Rhône ont donné les produits suivants :

Race de Schwytz, 2,240 litres, ou 7 litres 4 par jour.
— bressane, bon choix, 1,920 litres, ou 6 litres 4 par jour.

Race du pays (Forez), bon choix, 1,810 lit., ou 6 lit. par jour.

— du pays (Villefranche), bon choix, 1,709 lit., ou 5 lit. 6 par jour.

— charolaise, grande taille, 1,765 lit., ou 5 lit. 8 par jour.

— charolaise, petite taille, 1,306 lit., ou 4 lit. 3 par jour.

Tous les animaux compris dans ce tableau étaient soumis à la stabulation permanente et convenablement nourris, en été de fourrages verts, dans les autres saisons d'aliments variés.

Pour rendre la moyenne journalière comparative, j'ai supposé un rendement continu de 300 jours, c'est-à-dire que la quantité totale de lait recueilli pendant les six, sept, huit mois de la production, a été répartie sur la période de dix mois.

Guénon (1) classait les vaches de la manière suivante, quant à leur production moyenne :

Il comptait en France 5,501,825 vaches, qu'il divisait ainsi :

55,018 de 1er ordre, prod' p. jour en moyenne 10 lit. de lait.

330,109	2e	—	—	—	6,75
1,375,456	3e	—	—	—	4,66
1,100,365	4e	—	—	—	2,75
825,273	5e	—	—	—	1,50
550,182	6°	—	—	—	45
1,265,422	d'improductives.				»

---

(1) J'ai énoncé précédemment l'opinion que l'on ne pouvait préciser le rendement d'une vache d'après l'inspection seule de

La moyenne est calculée pour l'année, c'est-à-dire pour 365 jours pleins.

Le total du produit est de. . . . . . 5,000,330,588 litres.

Il est par jour de. . . . . 13,699,535 —

Et en moyenne, par vache et par an. . 908 — 85

— — par jour. 2 — 49

---

la gravure; néanmoins je vais placer dans cette note quelques indications générales extraites du système de Guénon.

	VACHES de GRANDE TAILLE. Poids : 300 à 350 k.		VACHES de MOYENNE TAILLE. Poids : 200 à 250 b.		VACHES de PETITE TAILLE. Poids : 100 à 150 k.	
	1er ordre.	6e ordre.	1er ordre.	6e ordre.	1er ordre.	6e ordre.
	litres.	litres.	litres.	litres.	litres.	litres.
Flandrines (Pl. 3, F. 1).	24	6	19	3	11	1
Lisières (Pl. 3, F. 4)	24	6	19	3	14	1
Bicornes (Pl. 4, F. 2).	24	6	19	3	44	1
Courbelignes } (Pl. 4,	24	6	19	3	14	1
Poitevines... } F. 1).	24	6	19	3	14	1
Flandrines à gauche (Pl. 3, F. 3).	22	4	17	2	12	1
Equerrines (Pl. 4, F. 4).	22	4	17	2	12	1
Doubles-lisières	22	4	17	2	12	1
Limousines (Pl. 4, F. 3).	20	3	15	2	10	1
Carrésines (Pl. 3, F. 2).	20	3	15	2	10	1

L'examen de ce tableau révèle un fait assez curieux, c'est que les *dix* classes décrites si attentivement, si minutieusement par Guénon, se réduisent à *trois* pour la valeur des marques et le rendement.

5.

Guénon admet en outre que les veaux consomment 1/3 du lait produit, de sorte qu'il ne reste plus chaque jour de disponible, pour les besoins domestiques et le commerce, que 1,66 par bête.

En adoptant les chiffres rassemblés par Guénon, on trouve les différences suivantes de production entre les divers ordres :

1er ordre 3,650 litres par an en moyenne.

2e	—	2,463	—	Différence 1,187 litres.
3e	—	1,700	—	—	1,950 —
4e	—	1,003	—	—	2,647 —
5e	—	547	—	—	3,103 —
6e	—	164	—	—	3,486 —

RAPPORT DU RENDEMENT MOYEN AVEC LA CONSOMMATION.

On aurait une notion plus juste des produits que donnent les vaches laitières si l'on pouvait fixer le rapport existant entre le poids des aliments consommés et la quantité de lait. Mais ce rapport est difficile à préciser. Je crois toutefois pouvoir déduire des observations faites dans ce sens les données générales suivantes :

1° Les très bonnes bêtes fournissent un litre de lait par kilogramme de foin sec ou de tout autre fourrage équivalent de leur ration de production (1);

---

(1) La ration de production est composée de la portion de la ration totale qui reste après avoir défalqué de celle-ci 1 kilog. 66 par chaque 100 kilog. du poids vivant de l'animal, s'il est de taille moyenne ou au-dessus, et 2 kilog. environ, s'il est de petite taille. (Voir plus loin ce qui concerne la ration.)

2° Les vaches bonnes fournissent, pour la même quantité de foin, 75 centilitres ou 3/4 de litre ;

3° Les vaches médiocres, 50 centilitres ou 1/2 litre ;

4° Les mauvaises, 15 centilitres ou environ 1/6 de litre.

Dans les pâturages où elle trouve de l'herbe à discrétion, une vache bonne et de forte taille consomme l'équivalent de 20 à 25 kilogrammes de foin sec et produit en moyenne 10 à 12 litres de lait.

A Bechelbronn (Bas-Rhin), M. Boussingault a obtenu de trois vaches pesant en moyenne 623 kilogrammes 10 litres 23 centilitres par jour pour chacune, et de quatre autres du poids moyen de 746 kilogrammes 6 litres 75 centilitres.

Chacune de ces sept bêtes recevait une ration journalière totale évaluée en foin à 15 kilogrammes.

J'emprunte à Bardonnet des Martels le tableau suivant :

RACES.	DURÉE de la lacta-tion.	PRODUIT.	MOYENNE des 180 premiers jours.	CONSOM-MATION en foin par litre de lait pendant cette période.
	jours.	litres.	litres.	kilog.
Durham.	460	3.990	12.470	1.042
Métis-Durham.	300	2.000	8.000	1.565
Vendéenne	383	3.984	13.417	1.005
Bretonne de Léon.	373	2.642	7.855	1.079
— du Morbihan. . .	270	1.122	5.000	2.055
— des landes du Morbih.	316	2.017	7.911	1.104

M. Bellami, dans son excellent petit traité sur la vache bretonne, a contesté l'exactitude des conclusions que l'on pourrait tirer de ce tableau en ce qui concerne la race du Morbihan. Il pense que sa production relative est plus forte.

En consultant d'autres auteurs, j'ai pu composer un tableau où se trouve indiquée la production moyenne de lait pour 100 kilog. de foin sec consommé :

Vaches belges.	49,55	Schwerz.
hollandaises	52,08	Schwerz.
de Saxe.	44,51	Schweitzer.
de Carinthie.	42,85	Bürger.
hollandaises	42,45	Schwerz.
de la grande race de Berne.	41,60	Dangeville.
de la petite race de Berne.	40,75	Dangeville.
de la haute Suisse.	37,30	Dangeville.
de la Bresse	39,60	Dangeville.
de Prusse.	41,82	Thaër.
de Lorraine	38,80	De Dombasle.
de Saxe-Altenbourg	37,80	Schmalz.
de Schwytz	45,30	Boussingault.

Ceux-ci sont spécialement extraits de l'ouvrage de M. Villeroy :

Vaches hollandaises.	53,20
d'York	59,50
de Devon.	35,20
de Héreford	29,40
d'Alderney.	48,40
de Schwytz.	54,80
d'Algau.	50,80

Je soupçonne que les vaches d'York, dont il est ici question, appartenaient à la race d'Ayr.

A Grignon, on a obtenu en moyenne 47 litres pour 100 kilog. de foin.

Dans le Rhône, des vaches de la Bresse ont donné   43,80
   —   —   du Forez.   41,32
   —   —   dites de Villefranche. .   38,09
   —   —   du Charolais.   37,29
   —   —   du Charolais.   29,84
   —   —   de la Normandie. . . .   45,20
   —   —   de Schwytz   41,28

Il ne faudrait pas s'y tromper, ces résultats ne sont pas rigoureusement comparables. Pour cela, il aurait fallu que les animaux reçussent le même régime alimentaire, c'est-à-dire une nourriture identique et dans les mêmes proportions relativement à leur poids. Je crois malgré cela qu'ils peuvent être de quelque utilité.

Je compléterai ces renseignements par un tableau emprunté à M. Boussingault, et qui présente la question sous une face un peu différente.

LOCALITÉS.	AUTORITÉS.	POIDS des vaches.	FOIN consommé par jour.	LAIT produit par an.	LAIT produit par jour.	OBSERVATIONS.
		kilog.	kilog.	litres.	litres.	
France. { Ain	Perrault	400	12.5	1,700	4.7	Vaches à l'étable.
Ain	D'Angeville.	275	6.3	915	2.5	Id.
Meurthe.	Dombasle.	»	10.0	1,416	3.4	Id.
Bas - Rhin.	Lebel et Boussingault.	600	15.0	2,511	6.8	Id.
	Schwertz.	»	13.0	2,558	7.0	Id.
	Schwertz.	»	12.4	2,254	6.2	Pâturage et étable.
Hollande et Belgique	Schwertz.	»	»	5,292	14.5	»
	Schwertz.	»	12.4	1,932	5.3	Etable et pâturage.
	Aiton.	312	»	4,015	11.0	»
Suisse. {	D'Angeville.	475	12.5	1,770	4.7	Nourries à l'étable.
	D'Angeville.	600	17.5	2,662	7.3	Nourriture à discrétion.
Autriche : Carinthie.	Burger	375	»	1,564	4.3	Bonne nourriture.
Prusse : Mœglin.	Thaër.	»	10.0	1,505	4.1	Etable.
Saxe	Schweitzer.	258	9.4	1,527	4.2	Etable.

Rendement en beurre. Dans la pratique, les qualités d'une vache sont souvent appréciées en prenant pour objet de comparaison la quantité de beurre qu'on en obtient en un an, en une semaine. Cette base de jugement est inutile ou mauvaise quand le lait est vendu ou consommé en nature ; elle est plus importante dans les autres cas.

Si la composition du lait était toujours la même, si la proportion des éléments ne variait pas dans des animaux différents, ou d'une saison à une autre, et avec le régime lui-même, il suffirait, le rapport de la crème ou du beurre au lait étant connu, de déterminer exactement la quantité de ce dernier produit.

Mais ces variations existent parfois assez grandes ; elles servent à expliquer les disparates que l'on trouve dans les évaluations du rendement des races, quand ces évaluations ont été obtenues par les uns au moyen du lait, par les autres au moyen du beurre.

Il faut, en moyenne, 28 à 30 litres de lait pour faire 1 kilog. de beurre marchand. Mais parfois 20 à 25 litres, ou moins, suffisent, tandis que la quantité nécessaire peut s'élever à 40 ou 44 litres.

Voici un tableau dont les éléments ont été empruntés à des auteurs très divers :

Suisse, Hautes-Alpes	19,55	Hœpfner.
Angleterre, b. vaches du Devonshire.	20,00	Hœpfner.
France, Roville	21,00	De Dombasle.
Angleterre, Sussex	22,70	W. Cramp.
Suisse, Hofwyl	26,00	Schwerz.
Suisse	26,50	Diek.
Saxe-Altenbourg	26,60	Schmalz.
Saxe-Weimar.	28,00	Reidesel.

Vûrtemberg. . . . .   28,00—Pabst.
Prusse . . . .   28,10—Thaër.
Angleterre , Héreford. . . . .   28,97—tiré de Villeroy.
Voigtland. . . . .   29,00—Schweitzer.
Holstein . . . .   29,40—Lengerke.
Basse-Saxe . . . .   29,40—Meyer.
Suisse, Schwytz. . . . .   29,84—tiré de Villeroy.
Belgique . . . .   30,00—Schwerz.
Angleterre, Glowcester. . . . . . .   30,00—Schwerz.
Flandre. . . . .   31,00—Ælbrœck.
Hollande . . . .   34,00—tiré de Villeroy.
France, Roville. . . . .   34,00—De Dombasle.
Suisse, Glaris . . . .   35,20—Steinmuller.
Saxe, Mark. . . . .   36,80—Gérike.
Suisse, Hofwyl . . . .   39,00—Schübler.

Moyenne générale. 28 litres.

On voit, d'après le tableau précédent, que la proportion de beurre contenue dans le lait varie du simple au double, et que, pour trouver la quantité du premier, il ne suffit pas de diviser la somme du lait produit par le chiffre 28, mais bien par le chiffre que peut fournir une analyse suffisamment exacte ayant eu pour objet de déterminer la proportion du beurre.

Le tableau suivant, emprunté à MM. Payen et Richard, donne le produit annuel pour des races différentes :

Thaër, environs de Berlin . . . .   44 k.
Lengerke, Holstein. . . . .   37 à 52 k.
M. de Dombasle, Roville. . . . .   50 k.
Duc de Richmond, Suffolk. . . . .   60 à 67 k.
Angleterre, moyenne. . . . .   68 k.
—   bonnes vaches   82
Flandre. . . . .   65 à 86 k.
Schwerz, polders de la Hollande et de la Belgique. 130 k.
Hollande , moyenne . : . . . .   70 k.

Avant les publications de Guénon, les agriculteurs avaient déjà remarqué que les vaches dont la peau du périnée et des mamelles est douce, souple, grasse au toucher, de couleur jaune, couverte d'un poil fin et d'une matière onctueuse se détachant par le frottement sous forme d'une poussière jaunâtre, donnaient un lait butyreux et de bonne qualité. Il en est de même des vaches dont la queue est mince à l'extrémité et couverte au bout d'une matière semblable. Mais Guénon a fortement rappelé l'attention sur ces signes, et ses observations ont été vérifiées et confirmées.

On lit dans le bon traité de M. Lodieu, de Plouvain :
« Je ne dois pas oublier de signaler une espèce de
» corde à laquelle les ménagères du nord de la France
» donnent le nom de *beurrin*. Ce corps glanduleux,
» placé sur la route des vaisseaux lymphatiques qui
» partent de tous les points de la circonférence pour
» se rendre vers un centre, au lieu de prendre un
» cours circulaire comme les veines, occupe une posi-
» tion verticale dans le milieu du flanc. . . . .

» La vache passe pour *bonne beurrière* quand cette
» corde est dure, forte et bien nette, et peu entourée
» de tissus mous. Grasse, molle et comme enveloppée
» de tissu cellulaire, elle indiquerait plus spéciale-
» ment de l'aptitude à prendre de la graisse (1). »

Je consigne ici cette observation plutôt pour engager

---

(1) *Vaches laitières, etc.*, par M. Lodieu, de Plouvain In-18, Victor Masson.

les hommes pratiques à la vérifier que pour l'appuyer, car j'ai souvent cherché le bon beurrin sur d'excellentes vaches sans le rencontrer.

La plupart des vaches beurrières ont de la disposition à prendre de la graisse. Elles ont ordinairement dans l'écusson, qui est bien limité, à poil ras et fin, les deux épis ovales inférieurs. Leurs oreilles sont jaunes intérieurement, leurs yeux et leur mufle entourés d'un cercle jaune.

Des poils grossiers et longs, hérissés et clairs au bord de la gravure, et particuliérement à la partie supérieure, indiquent un lait séreux, de qualité médiocre, même sur des bêtes bien marquées d'ailleurs. Ces indices sont à prendre en grande considération. Je ne sais si cette remarque appartient à M. Evon, mais il l'a consignée dans ses écrits.

Dans les recherches que l'on fait sur la proportion du beurre, il est tout à fait indispensable de tenir compte des diverses circonstances rapportées plus haut, pages 76 et suivantes.

Rendement en fromage. Il peut être aussi très intéressant, dans certaines situations, de savoir quelle quantité de fromage une vache fournit dans un temps donné.

Voici ce que disent à ce sujet MM. Payen et Richard :
« Des variations assez grandes se remarquent aussi
» dans le rendement annuel en fromage, beurre et
» serai que peut donner une vache. On peut citer
» comme une moyenne des plus élevées celle que donne
» M. Lullin, observée en Suisse sur un troupeau com-

» posé de bêtes achetées et choisies, nourries abon-
» damment à l'étable de fourrage de première qualité.
» Chaque vache a produit en fruitière :

» Lait, 2,219 litres : Gruyère. . .   150 kilog.

                      Beurre. . . .   42 —

                      Serai. . . . .   100 —

» En Angleterre, dans les districts à fromage, on
» compte sur une production annuelle de 150 kilog.
» de fromage lorsque le lait n'est pas écrémé. »

Grognier indiquait les chiffres suivants pour les
vaches de Salers allant sur la montagne :

Fromage. . . . .   100 kilog.

Beurre.   6

Lait consommé . . . .   100 litres.

Suivant M. Desjobert, on pourrait faire, avec un litre
de lait, à peu près un fromage et demi de Neuchâtel
salé, du poids de 120 grammes.

En Suisse, au rapport de M. Eug. Marie, on calcule
ordinairement qu'il faut, pour fabriquer 1 kilog. de
fromage façon gruyère :

Pour le fromage gras. . .   9 à 12 litres de lait.

  —   —   mi-gras,   12 à 16.

  —   —   maigre. .   15 à 18 (1).

M. Villeroy indique le chiffre de 650 grammes comme
le poids moyen du fromage obtenu de 20 litres de lait
non écrémé. Cette proportion est trop faible ; elle ne

---

(1) Le lait employé à faire cette espèce de fromage est entièrement écrémé.

s'accorde pas avec les précédentes, car elle fait supposer qu'il faut employer au moins 30 litres de lait pour avoir 1 kilog. de fromage.

CHAPITRE III.

Entretien des Vaches laitières.

Ce n'est pas assez, pour le propriétaire de bétail, de pouvoir bien choisir les animaux, de savoir tirer un bon parti de leurs divers produits. Il doit connaître les conditions les plus favorables à leur santé et surtout à leur exploitation économique, c'est-à-dire à l'utilisation la plus avantageuse de leurs aptitudes et de leurs facultés. Cette connaissance comprend toutes les parties du régime.

DU RÉGIME.

Le logement et la nourriture sont les deux agents principaux de l'hygiène, ceux à l'aide desquels l'homme exerce sur les animaux soumis à ses lois la plus puissante influence. Nous consacrerons à leur étude des développements proportionnés à leur importance.

1° DE L'ÉTABLE.

On est assez disposé à croire que la vache doit vivre dans les pâturages, qu'on ne peut la soumettre économiquement ou sans danger au régime de la stabulation permanente. L'expérience de chaque jour dépose contre cette erreur. L'entretien constant des animaux dans l'étable offre de sérieux avantages que je rappellerai sommairement. Il fournit le moyen ou l'occasion :

1° De surveiller les animaux ;

2° De varier la nourriture ;

3° De faire subir aux aliments des préparations diverses ;

4° D'utiliser des substances qui sans cela seraient perdues ;

5° De donner à chaque individu selon ses besoins ;

6° D'utiliser, pour la production du fumier, des matières sans valeur ;

7° D'obtenir toute la quantité d'engrais que peuvent faire les animaux ;

8° D'éviter des déplacements inutiles ;

9° De diriger l'emploi des reproducteurs.

Avec une stabulation bien ordonnée et des aliments convenables, on obtient des produits plus abondants et à peu près aussi bons que dans tout autre mode d'entretien.

Sous le rapport du logement, la vache est moins exigeante que le cheval.

Une écurie ne saurait réunir toutes les conditions de commodité pour le service et de salubrité si elle n'a trois à quatre mètres de hauteur sous le plancher, et n'offre en définitive, à chaque cheval adulte et de taille moyenne, une capacité de trente mètres cubes. A la rigueur, quinze à vingt mètres cubes suffisent à la vache. Mais, hélas ! combien d'étables, dans les campagnes, n'ont pas ces dernières dimensions !

On aurait tort de croire que le bétail peut séjourner impunément dans des habitations malpropres, trop étroites, où l'air ne se renouvelle pas. S'il peut être utile de placer un bœuf à l'engrais, une vache laitière dans une atmosphère chaude et humide, il est toujours dangereux de les forcer à respirer un air impur et vicié. L'insalubrité des étables doit être mise au rang des causes qui produisent les maladies et les aggravent, qui occasionnent des avortements.

Je ne saurais trop recommander aux cultivateurs, dans leur intérêt même, de ne pas enfermer les animaux dans des prisons étroites, sans lumière et sans air ; de ne pas transformer leurs étables en des cloaques infects où le fumier, le purin et des saletés de toute nature s'accumulent, diminuent encore l'espace déjà trop restreint, où les gens enfin n'entrent qu'avec une juste répugnance.

Leur bétail n'a rien à gagner à ces défauts de soins. C'est une erreur funeste de croire qu'il prospère dans l'abandon. Les jeunes animaux surtout, dont le tempérament n'est pas formé, ont beaucoup à en souffrir.

Le logement a une influence directe sur la santé et sur la conservation des animaux. Il fait aussi sentir son action sur la quantité et les qualités du lait.

Lorsque la vache est principalement entretenue pour le travail, elle doit être logée sainement et respirer un bon air. Sa digestion est alors plus active, son tempérament plus vif ; elle a plus de vigueur et moins de délicatesse. A cet égard, on ne peut songer à concilier entièrement deux exigences contraires. La vache qui exécute des travaux fatigants doit vivre dans une atmosphère renouvelée. Pour elle la production du lait est subordonnée à la conservation de sa santé et au développement de ses forces.

Mais quand la vache est surtout une machine à lait et qu'on n'en exige aucun labeur, on peut la loger de manière à en obtenir plus de produits sans augmenter sa ration et tout en ménageant son existence.

Si l'on se rappelle ce qui a été dit, pages 28 et suivantes, du rôle des poumons, on comprendra qu'au point de vue de la lactation, les phénomènes respiratoires peuvent être réduits au degré d'activité strictement nécessaire au maintien de la vie. En effet, une respiration active, dans une atmosphère pure, introduit beaucoup d'oxigène dans le poumon et en fait sortir une quantité correspondante d'acide carbonique. Plus cet échange est renouvelé, plus nombreuses et multipliées sont les réactions qui élaborent le sang ou constituent la nutrition, et moins il doit rester d'éléments disponibles pour les sécrétions qui ne sont pas à proprement parler dépuratrices, pour la sécrétion du lait par exemple.

Chez les nourrisseurs des environs de Paris et de Lyon, les vaches sont communément logées dans des étables basses, peu éclairées, où l'air reste dans un certain état d'humidité et d'altération. Il n'y a aucune perte inutile par la transpiration cutanée et pulmonaire ; et alors, quand les mamelles sont dans la période d'activité, si la nourriture est abondante et convenablement distribuée, la production du lait atteint son maximum.

A la vérité, les vaches placées dans de semblables conditions, malgré les soins de propreté dont elles sont l'objet, contractent souvent, après quelques années, une maladie grave, la pommelière; mais ce n'est pas seulement le séjour dans une atmosphère chaude et humide qui amène ce résultat, l'alimentation surabondante, aqueuse, préparée, qu'on donne aux animaux, y contribue beaucoup. Ces pertes sont prévues, et les possesseurs trouvent des bénéfices à avoir de fortes laitières, à les traiter comme je viens de dire, au risque de les réformer souvent.

Toutes les personnes qui entretiennent des vaches pour le lait peuvent avantageusement imiter en quelque chose ce qui se fait dans les laiteries des grandes villes, en évitant toutefois de tomber dans une exagération que ne justifieraient point les circonstances et qui serait préjudiciable à leurs intérêts. Elles peuvent tenir leurs animaux dans des étables propres, médiocrement éclairées, où l'air se renouvelle lentement et uniformément, et se maintient toujours un peu humide et à une température douce. Cette disposition est surtout favorable aux bêtes dont la poitrine est étroite, la respiration bornée. Un air doux et léger leur est bon et utile. Aux vaches à poitrine ample, il faut avant tout une abondante nourriture.

A l'égard des habitations, la Hollande, la Belgique, la Flandre, la Suisse, nous offrent des exemples bons à suivre. On sait combien dans ces contrées le bétail est généralement beau et productif.

En entrant dans la cour d'une ferme, en voyant les

abords de l'étable, on peut presque toujours apprécier le degré d'intelligence du cultivateur et la manière dont le bétail est tenu. Quand une cour est encombrée sans nécessité par le fumier et présente dans son étendue des creux remplis de purin qui se putréfie et s'évapore au soleil, on est assuré que les animaux sont mal logés, les étables mal disposées, que les fourrages et les engrais sont en partie gaspillés ou perdus.

Il y a beaucoup d'étables radicalement mauvaises, mais il en est aussi un très grand nombre que les propriétaires et cultivateurs pourraient améliorer aisément eux-mêmes et souvent sans aucuns frais.

Dans beaucoup d'endroits les étables ne sont pas même pavées, ou bien elles le sont de grosses pierres ou de cailloux mal joints. Dans l'un et l'autre cas, il se forme sous les animaux des excavations où l'urine s'accumule et séjourne. C'est là un vice nuisible à la santé, au bien-être des animaux et à la production des engrais.

Le sol d'une vacherie doit être assez résistant, assez uni pour s'opposer à l'infiltration des urines et permettre l'écoulement de la portion du purin que la litière n'a pas absorbée. Ce liquide si bon comme engrais, il n'en faut pas laisser perdre une seule parcelle; au contraire, on doit le recueillir avec soin, le diriger vers une fosse, s'en servir pour arroser les fumiers ou le mêler avec de l'eau pour arroser les prairies.

Le cultivateur doit toujours pouvoir régler la température intérieure des étables, leur chaleur, et renouveler l'air quand il le veut. Pour cela, il faut des fenêtres assez grandes, assez hautes surtout, que l'on ouvre et ferme à volonté. Combien d'étables qui, outre la porte, n'ont pour toute ouverture qu'un ou deux trous percés dans le mur, qu'on laisse ouverts en été et qu'on bouche avec de la paille en hiver, sans autre souci de la santé des animaux !

Quand ces conditions ne peuvent être changées sans grandes dépenses, je conseille au propriétaire d'établir une ou plusieurs cheminées d'appel composées de quatre planches à travers la toiture, faisant communiquer l'intérieur de l'habitation avec le dehors.

La porte d'une étable devrait toujours être, quand il s'agit d'animaux de travail, à deux battants, et assez large pour permettre à deux bœufs ou vaches attelés au même joug de passer sans se heurter contre les angles des huisseries.

Si les animaux ne doivent pas vivre dans une atmosphère viciée, il ne faut pas non plus qu'ils souffrent du froid. L'aérage aura donc lieu constamment, mais avec modération, et de manière à éviter les courants d'air, qui sont funestes aux vaches laitières, aux bêtes qui viennent de mettre bas.

Dans un grand nombre d'étables il n'y a pas même de râtelier ni de mangeoire. Comment alors distribuer la nourriture à chaque individu en proportion de ses besoins ? Et pourtant rien n'est plus rationnel, rien n'est plus élémentaire que ce principe d'économie si souvent négligé. Quand on est obligé de déposer les aliments sur la terre et presque sous les pieds des animaux, ils se salissent inévitablement, et une partie se perd. Le bétail est plus délicat qu'on ne le pense; on ne saurait apporter trop de soins, trop de précautions dans la distribution de sa nourriture. Sans mangeoire, on ne peut aisément donner aux animaux du son, des grains, des aliments divisés, préparés, etc., ou bien il faut pour chacun une auge mobile, ce qui complique le service.

Je ne dis rien de la perte des engrais. Quand on prend si peu de précaution, pour donner la nourriture, quel souci peut-on avoir du purin, de la litière? Les engrais si précieux partout, on n'en recueille que les deux tiers, que la moitié de ce qu'on en pourrait obtenir, si les étables étaient mieux disposées, mieux tenues. Mais cette question des fumiers est trop importante, j'y reviendrai plus loin.

En moyenne, une vache de taille ordinaire, pour être convenablement logée, doit avoir en largeur 1^m 20 à 1^m 30; en longueur de la tête aux pieds, 2^m 25 au moins; en avant pour le râtelier et la mangeoire, 0^m 80, et en arrière, pour le service, un passage de 1^m 50, avec une hauteur sous le plancher de 2 mètres et demi à 3 mètres. Toutes ces dimensions donnent, pour un animal, une capacité totale de 20 à 30 mètres cubes.

J'ai supposé que l'étable ne contenait qu'un seul rang d'animaux; s'il y en avait deux, l'espace d'un côté à l'autre devrait être doublé, de façon que pour chaque bête il y eût toujours le cube d'air ci-dessus mentionné.

Les animaux placés sur deux rangs peuvent être opposés par la tête. Alors l'espace qui les sépare, disposé en massif d'une hauteur de 60 à 70 centimètres, d'une largeur de 1^m 50 environ, sert à la fois de râtelier commun et de passage pour la distribution des fourrages. On a ainsi comme deux étables, et il faut deux portes distinctes.

Quand les animaux sont opposés par leur croupe, ils regardent les murs formant les deux côtés de l'étable. Le passage réservé pour le service, placé au milieu, doit avoir au moins 2 mètres de largeur.

Il est d'autres dispositions encore qui ont rapport à la distribution des aliments ou à la conservation des fumiers. Ainsi, les râteliers, ou ce qui en tient lieu, peuvent être supprimés, et devant les animaux s'élève à 60 centimètres environ au-dessus du sol un mur supportant de forts poteaux qui vont jusqu'au plancher. De l'autre côté de ce petit mur se trouve une mangeoire large et profonde que l'on peut aborder dans toute sa longueur par un couloir qui règne entre elle et le grand mur de face. Les aliments sont déposés dans cette auge, qui peut même être divisée en compartiments. Pour les atteindre, les animaux sont obligés de passer la tête entre les deux poteaux qui se trouvent devant eux, ou à travers une ouverture ménagée à cet effet dans une paroi pleine, élevée sur le petit mur et remplaçant les poteaux, ouverture que l'on peut même commander, si on le veut, à l'aide d'un volet.

On conçoit le but de ces dispositions; elles permettent au bouvier d'agir librement autour de la mangeoire, de la nettoyer, d'y déposer même, dans un cas, les aliments sans que les animaux les voient ou puissent y toucher, de faire la part exacte de chacun, et d'empêcher les plus forts ou les plus gloutons de frustrer les autres.

En vue de la production des fumiers, on peut creuser derrière les vaches, dans les étables à un rang, au pied du mur du fond, une fosse dont la largeur et la profondeur sont proportionnées au nombre de têtes de bétail, fosse à parois imperméables où sont jetés les fumiers avec l'excédant du purin.

Ce système est bon, sans danger ; mais il n'est pas indispensable à la conservation des engrais, et il a l'inconvénient d'exiger beaucoup de place et d'entraîner des frais de construction, de réparation.

Si l'on veut mettre les engrais dans une fosse, celle-ci peut être creusée dehors, au pied des murs, et protégée par un léger appentis.

Ces indications me paraissent suffisantes. La commodité, l'économie, la salubrité, sont les conditions essentielles que l'on doit chercher à réunir dans les habitations. Ici comme dans toutes les constructions rurales, il ne faut rien pour la fantaisie, rien pour l'œil, tout pour l'utilité. La vue doit être satisfaite quand les choses sont disposées suivant les règles d'une bonne hygiène. En agriculture, le luxe est au moins inutile, quand il n'est pas onéreux. La bonne hygiène s'accommode parfaitement de la simplicité.

Il est des localités où la litière manque absolument ; les animaux reposent alors sur des planchers élevés de 10 à 15 centimètres au-dessus du pavé et très légèrement inclinés d'avant en arrière. Une gouttière ou rigole un peu profonde, creusée dans le sol derrière le bétail, reçoit les engrais et les conduit au dehors dans une fosse à fumier.

Presque partout les fourrages sont placés au-dessus des animaux ; ce ne serait pas un mal si le plancher qui les supporte était plein au lieu d'être formé de planches écartées, de perches, de branches d'arbres qui laissent passer les émanations de l'étable ou tomber de la poussière, et rendent plus difficiles et plus longs les soins de propreté.

Les conditions de salubrité que je viens de tracer sommairement ne demandent, pour être remplies, ni dépenses, ni précautions minutieuses. Elles sont à la portée de tous, du pauvre comme du riche, et ne demandent que de la bonne volonté.

Quel est le cultivateur, le vigneron qui oserait affirmer qu'il n'a pas assez de temps à sa disposition pour ouvrir ou fermer à propos une porte, une fenêtre ; pour réparer, entretenir, nettoyer un pavé, un plancher, un mur, une mangeoire, etc. ? Quand on a pris l'habitude de ces soins, on les trouve faciles. C'est la bonne volonté qui manque bien plus souvent que le loisir. On n'avoue pas que les précautions hygiéniques sont nécessaires, parce qu'on veut avoir le droit ou le prétexte de les négliger. Et l'on se plaint que les animaux deviennent malades, qu'ils sont peu productifs, que les engrais manquent !

Il est une dernière remarque à faire à l'égard des étables : c'est que l'habitude, malheureusement trop commune, de loger avec les vaches, les porcs et la volaille est mauvaise sous tous les rapports.

2° DE LA NOURRITURE.

La nourriture exerce la plus grande influence sur la taille et sur les formes générales des animaux. On peut en acquérir la preuve en comparant les races des contrées pauvres en fourrages avec celles des pays où les animaux sont nourris abondamment, en comparant, dans une même localité, le bétail des étables où l'alimentation est médiocre ou insuffisante et celui des exploitations où il est bien entretenu et bien soigné.

Sur un sol humide, produisant des herbes aqueuses et grossières, les animaux sont obligés de manger beaucoup pour se rassasier ; ils prennent un ventre volumineux, de gros os, des chairs molles et relativement moins développées, une peau épaisse, des formes souvent défectueuses.

L'influence de la nourriture ne se fait pas moins sentir sur les aptitudes et sur les produits des animaux ; et si nous ajoutons que les qualités développées sous cette influence deviennent héréditaires, on comprendra combien sont importants, au point de vue de l'exploitation du bétail, et en particulier de la vache laitière, le choix et la distribution économique des aliments.

Au nombre des animaux qui veulent être bien nourris, citons : les jeunes taureaux, les veaux d'élevage, les bœufs à l'engrais, les bêtes qui travaillent beaucoup, et surtout les vaches laitières.

Une vache doit payer en laitage, en travail, ce qu'elle a coûté de nourriture, etc., de façon que sa valeur définitive comme bête de boucherie soit pour le propriétaire un bénéfice net. Mais s'il faut pour cela qu'elle soit bonne, il faut aussi qu'elle soit bien nourrie.

Sous le nom d'aliments, de nourriture, on doit comprendre les fourrages de toutes sortes et les boissons.

Les aliments agissent sur la production du lait par leur nature et leur état physique, par leur quantité et le mode de leur distribution.

L'espèce bovine semble être appelée à se nourrir exclusivement de l'herbe verte des champs et des prairies. Dans l'état de domesticité, ce régime est encore celui qui lui plait davantage et convient le le mieux à sa santé.

C'est dans les climats tempérés et humides que la production du lait est la plus abondante ; la Hollande, la Flandre, la Normandie, l'Angleterre, le Holstein, etc., nous en offrent des exemples. La possibilité d'obtenir de la terre beaucoup de fourrages verts ou aqueux, de prolonger le pâturage, explique cette particularité. Partout, avec des prés assez bons, ou un sol qui permet la culture du trèfle, de la luzerne, des betteraves, etc., on doit produire une grande quantité de lait.

La vache laitière réclame des aliments sinon toujours verts, du moins renfermant beaucoup d'eau ; car l'eau forme le véhicule de toutes les sécrétions, et plus les animaux en introduisent dans leur corps, plus les sécrétions sont abondantes. Les fourrages verts ont d'ailleurs une composition plus complexe, plus variée ; la dessiccation les prive toujours d'une partie de leur odeur et de leur saveur, qui concourent à donner au lait et au beurre un goût agréable, et d'une partie de leurs feuilles, qui sont les portions les plus nutritives de la plante. Cela servirait à expliquer pourquoi les pâturages fréquemment tondus sont les meilleurs, les herbes étant toujours les plus tendres et les plus aromatiques.

L'eau des boissons ne remplace qu'imparfaitement, pour la production du lait, celle qui se trouve associée naturellement aux herbes fraîches, aux racines.

La vache ne devrait jamais être entretenue avec une nourriture exclusivement sèche. Dans une exploitation bien dirigée, les cultures sont réparties de telle sorte que, depuis le printemps jusqu'à l'automne, le bétail peut recevoir des fourrages verts, et que pour la mauvaise saison il y a provision suffisante de foin, de racines et de tubercules.

M. Magne fait remarquer avec raison que le cultivateur français compte trop en général sur les ressources naturelles du pays pour entretenir son bétail. Ces ressources peuvent manquer accidentellement, être diminuées, et une perturbation dans l'exploitation peut en être la conséquence. Un homme bien avisé doit avoir plusieurs cordes à son arc et ne laisser au hasard que ce qu'il ne saurait lui soustraire.

Reinhart, cité par M. Félix Villeroy, déduit très bien les avantages d'une alimentation abondante et suivie :

1° La même quantité de fourrages, consommée par

dix vaches, produit plus de lait que si elle était consommée par quinze, même par vingt vaches.

2° Ces dix vaches exigent un moindre capital ; par conséquent, leur compte a moins d'intérêts à servir, et le produit net est beaucoup plus considérable.

3° Avec moins de bêtes, on a moins de risques.

4° On a aussi moins de travail pour les soins à leur donner, par conséquent économie de soins et de main-d'œuvre.

5° Une bête grasse à réformer pour une cause quelconque a une bien plus grande valeur qu'une bête maigre ; si un accident survient à une bête maigre, elle est presque totalement perdue.

6° Si la paille que mangeraient vingt vaches sert à faire à dix une litière abondante, les dix vaches font plus de fumier, et parce qu'elles sont bien nourries, ce fumier est de meilleure qualité.

7° S'il survient une année de disette, on peut encore, en réduisant la nourriture, conserver toutes les bêtes et ne pas être forcé de vendre, ce qui, dans de telles circonstances, n'a jamais lieu qu'avec grandes pertes.

8° Des bêtes toujours bien nourries mangent régulièrement et ne sont pas exposées aux accidents qui arrivent si souvent avec des bêtes affamées.

Ajoutons à ces considérations que le propriétaire ayant intérêt à n'entretenir que de bonnes vaches, aura plus de facilité de se les procurer s'il lui en faut moins.

Du pâturage et de la nourriture verte.

La vache n'est pas difficile sur le choix des aliments et mange avec grand appétit. On peut utiliser, pour la nourrir, beaucoup de plantes ou de débris de végétaux que l'on ne donnerait pas au cheval, et que pourtant l'on aurait tort de négliger. Ainsi, les herbes des bords des sentiers, les orties, les feuilles de la betterave, du topinambour, lui sont avantageusement distribuées. Les feuilles des arbres, de la vigne, peuvent aussi entrer dans sa ration.

C'est surtout dans la petite culture qu'il faut chercher à tirer parti de ces ressources, afin de suppléer aux fourrages ordinaires.

Les pâturages les plus abondants ne le sont pas trop pour la bonne vache laitière. Elle est, à poids égal, plus exigeante que le bœuf à l'engrais. Sa production est toujours proportionnée au poids des herbes qu'elle mange ; et tel pâturage qui convient au mouton, au bœuf qui ne travaille pas, est insuffisant pour la vache, parce qu'il lui fournit à peine de quoi vivre. C'est ce qui explique le faible rendement de beaucoup de bêtes réduites à chercher leur pâture sur des communaux infertiles ou trop chargés de bétail.

Les pâturages présentent, sous le rapport de leur valeur, de grandes différences. La Normandie, la Bretagne, l'Auvergne, le Charolais, le Poitou, par exemple, etc., en possèdent qui réunissent l'abondance et la qualité.

Entre ceux-ci, malheureusement trop rares, et les

prés marécageux, qui ne donnent presque que des plantes grossières et aqueuses, les landes, les bruyères ou les forêts dont les produits sont faibles et non toujours sans danger, et ces vaines-pâtures où les animaux ne trouvent guère que leur ration d'entretien, il y a place pour beaucoup d'intermédiaires.

Ce que je viens de dire des exigences de la bonne laitière, au point de vue du pâturage, ne s'applique ni à tous les pays, ni à toutes les races. Tel pâturage, telle lande, insuffisants pour une grande race, peuvent parfaitement suffire à l'entretien d'une petite, moins exigeante d'abord et en outre plus apte à tondre l'herbe près de terre. La petite vache bretonne du Morbihan offre un exemple remarquable de cette aptitude à vivre et à produire sur des terrains arides ou peu fertiles. Elle reste bonne dans une situation où des animaux plus volumineux dépériraient.

Les pâturages établis sur des terrains granitiques ou schisteux, en forte pente, et recevant les eaux acides des forêts d'arbres verts, de chênes, de châtaigniers, de bouleaux, ceux des prairies tourbeuses fournissent généralement des herbes dures, coriaces, médiocres pour toutes les bêtes bovines, et particulièrement pour la vache laitière.

Le propriétaire ne doit pas ignorer ces particularités. Il a intérêt à les étudier afin de diriger en conséquence son exploitation, et de faire toutes les améliorations utiles et possibles.

L'entretien des animaux sur les pâturages peut être une condition obligée de la situation. Habituel dans beaucoup de lieux, il ne laisse pas d'avoir ses inconvénients et ses dangers. Les vaches qui passent toute la belle saison dans les herbages, qui y vont chaque jour, du matin au soir, sont exposées, surtout dans les pays de montagnes, à des intempéries nuisibles à leur santé, à leurs produits. En été, la grande chaleur, les insectes les fatiguent et les tourmentent. Au voisinage des marais, elles respirent un air vicié. Quand elles vivent en commun avec d'autres animaux, des accidents, des contagions peuvent survenir. Des maladies graves, la péripneumonie épizootique, le charbon, ont été souvent attribués aux diverses influences auxquelles le bétail est soumis dans ce mode d'exploitation.

Dans les localités où s'effectuent de brusques changements de temps, il est indispensable de fournir aux vaches des abris. Les haies, les arbres ne les protègent pas toujours assez contre la pluie, les frimas, les bourrasques du printemps ou de l'arrière-saison. Ces animaux redoutent aussi beaucoup les orages, la grêle, le tonnerre.

Il y a également danger à placer le bétail, et particulièrement les vaches pleines, dans les vergers plantés d'arbres à fruits.

La plus grande quantité, la meilleure qualité du lait obtenu dans un pâturage bien choisi ou bien dirigé ne compense pas toujours les inconvénients dont il s'agit, inconvénients auxquels nous en ajouterons tout-à-l'heure d'autres encore.

La *dépaissance* dans les prairies temporaires, dans les trèfles surtout, expose en outre les animaux aux météorisations, aux gonflements trop souvent mortels. Je reviendrai plus loin sur ce sujet en indiquant les moyens de prévenir et de guérir cette maladie. Notons ici que le pâturage au piquet, qui permet de limiter les surfaces successivement mises à la disposition des animaux, peut empêcher la météorisation et diminuer le gaspillage, la perte de l'herbe par le piétinement.

Les fourrages verts de toute nature peuvent être distribués à l'étable. On coupe au fur et à mesure des besoins. Cette méthode, quelquefois appelée normande, suppose que les prairies sont rapprochées de la ferme; elle demande beaucoup de main-d'œuvre. Par compensation, elle fait gagner un sixième environ de fourrage; et si, d'ailleurs, les habitations sont saines, tenues proprement, la nourriture variée, les produits en lait et en beurre sont aussi bons et peut-être plus abondants que ceux que le pâturage eût donnés.

Les céréales d'hiver, le seigle, l'orge escourgeon, sont excellentes pour la nourriture des vaches; on les fauche au printemps. Elles fournissent une alimentation excellente et laissent ensuite la terre libre pour une seconde récolte.

Le trèfle incarnat présente l'avantage d'être très précoce, de n'occuper la terre que peu de temps et de venir dans des terres légères, superficielles, médiocres. Malheureusement il n'est pas bien bon pour le lait.

Le trèfle ordinaire, la luzerne, le sainfoin, l'ajonc, les choux, etc., peuvent être utilisés ensuite. Plus tard on a les pois, les vesces ou pesettes, le maïs semé dru, le millet, le sorgho, le sarrasin. Les herbes des prés sont exploitées dans leur saison.

Pendant l'été et l'automne, le verger, le jardin fournissent des feuillages, des débris qui viennent en supplément pour varier ou compléter la ration.

Il est difficile de préciser la quantité de fourrage vert qu'une vache laitière peut recevoir chaque jour. En principe, il doit être donné à discrétion. L'état et la production des animaux servent ensuite de règle. On doit savoir aussi que l'herbe verte perd en se desséchant au moins les trois quarts de son poids, et que la ration en herbe verte doit être environ quatre fois plus lourde que le foin sec qui aurait pu la composer en totalité.

Le bétail peut être parfaitement entretenu au vert, sans sortir de l'étable, et la stabulation permanente, nous l'avons déjà fait remarquer, quand elle est bien entendue, n'a pas tous les inconvénients qui lui ont été attribués. Voici ce qu'en dit M. Moll dans la *Maison rustique* : « Ce mode de nourriture passe, » avec raison, pour le plus perfectionné. Quoique né- » cessitant des dépenses et des soins plus grands que » la nourriture au pâturage, il offre, sous le rapport » de la production du fumier, un avantage si grand » sur les autres méthodes, qu'il a été adopté géné- » ralement par tous les bons agriculteurs. Cette mé- » thode permet effectivement de nourrir une tête de » bétail sur le plus petit espace de terrain possible, » non seulement parce qu'une portion de la nourri- » ture n'est pas gâtée avec les pieds, mais encore

» parce que le surcroît considérable de fumier que
» l'on obtient, permettant de fumer parfaitement les
» terres, en augmente le produit dans une très forte
» proportion. A l'exception des localités où l'agricul-
» ture proprement dite n'est qu'un accessoire, et de
» celles où les fourrages artificiels susceptibles d'être
» fauchés ne réussissent point, la stabulation d'été du
» gros bétail doit devenir partie intégrante de toute
» bonne culture, et les pâturages, soit naturels, soit
» artificiels, si l'on trouve de l'avantage à en conser-
» ver, seront abandonnés aux moutons. »

Avec ces réserves, l'opinion du savant professeur me semble devoir être adoptée.

De la nourriture d'hiver ou hivernage.

J'ai supposé que les racines et tubercules étaient réservés pour la saison où l'on n'a plus d'autres aliments verts à donner, et pour être distribués dans l'étable.

Si la bonne laitière doit partager en été, avec le bœuf d'engrais, les meilleurs pâturages, elle doit recevoir en hiver, quand toutefois elle est en produit, les fourrages les plus tendres.

Le foin ordinaire est jugé trop cher, en général, pour la vache; on le réserve pour les chevaux. Celui des prés humides, des prés où l'herbe ne pousse qu'à l'aide d'abondantes irrigations, est dur et très peu propre à faire donner du lait.

Le regain est d'ailleurs préférable; il est plus mou,

plus facile à mâcher, plus savoureux peut-être, et retient une plus forte proportion d'eau de végétation.

La vache mange assez mal les pailles ; elles sont trop dures et trop coriaces, trop sèches. Celles d'orge, de seigle et d'avoine passent même pour communiquer au lait un goût amer. On les améliore beaucoup, on les rend appétissantes, de même que celle de froment, en les mêlant, au moment de la récolte, avec des fourrages de seconde ou troisième coupe incomplètement desséchés.

La paille de froment, celle de maïs, de sorgho, les menues pailles de céréales, les siliques des crucifères, les gousses des légumineuses constituent un bon complément de ration. Il faut, autant que possible, les couper, les écraser, ou les faire ramollir par macération, par fermentation, ou encore les introduire dans des mélanges composés de racines, de son, de résidus, etc.

Les fourrages secs, nous ne saurions trop le redire, ne suffisent point à une bonne production de lait. Il est indispensable, pour atteindre ce dernier but, que le cultivateur ait à sa disposition des substances qui lui permettent de composer des rations en partie aqueuses. Les récoltes sarclées lui en offrent le moyen. A défaut de celles-ci, il doit recourir à des modes de préparations qui conduisent au même résultat.

La betterave et la carotte sont les racines par excellence pour la vache laitière. La première fait produire beaucoup de lait. Elle doit néanmoins être administrée avec modération ; sans cela elle ferait trop de sang et disposerait les animaux à contracter des affections chroniques de la poitrine. La carotte est exempte de ces défauts, et fait du lait, du beurre et de la graisse d'excellente qualité.

Les rutabagas, les raves, les navets, à l'état cru, sont aussi très recommandables, à la condition encore qu'ils seront donnés avec quelque précaution ; ces plantes, leurs feuilles surtout, à doses trop fortes, communiquent au lait un goût assez désagréable, qui rappelle celui du navet. Les choux verts ne présentent pas le même inconvénient, mais ils sont peu nutritifs et relâchent. La cuisson améliore tous ces produits.

Les feuilles vertes de la betterave, de la pomme de terre nourrissent fort peu et occasionnent souvent la diarrhée.

La pomme de terre crue doit être donnée aussi avec quelque ménagement, quoique très bonne pour le lait. Cuite, elle produit plus de beurre et engraisse les animaux.

Les résidus des brasseries, des féculeries, des sucreries, des distilleries de betteraves, quand on peut s'en procurer à un prix modique, entrent avantageusement dans la ration de la vache laitière. Il est bon d'y ajouter toujours un peu de sel. Le son de bière ou drèche fait produire beaucoup de lait, mais de médiocre qualité.

Les tourteaux de colza, d'œillette, de lin, divisés, mouillés, mêlés aux racines, aux fourrages hachés, au son, etc., peuvent concourir utilément à l'alimentation de la vache. Leur usage immodéré ferait prendre au lait un goût huileux. Ils sont bons pour le beurre et la graisse.

Les grains, s'ils n'étaient pas si chers, seraient, en général, très favorables à la production du lait et surtout du beurre. Le maïs l'emporte sur tous les autres. L'avoine paraît devoir être placée au dernier rang. Dans tous les cas, ces substances ne devraient être livrées aux animaux qu'écrasées, ramollies par l'eau ou la vapeur.

Les graines des légumineuses, telles que fèves, féveroles, pois, vesces, sont dans le même cas, et conviennent spécialement pour le beurre et le fromage.

Les criblures ou issues provenant du froment ou du seigle, concassées ou moulues, ne doivent pas être négligées. On les mêle aux racines, aux résidus, etc.

Le son ne peut être donné seul, sinon bien délayé dans l'eau.

Les eaux de la vaisselle, non fermentées ni altérées, que l'on réserve ordinairement pour le porc ou qu'on laisse perdre, pourraient être données à la vache.

J'ai dit que l'eau ajoutée aux aliments solides et très secs ne pouvait pas remplacer absolument celle que le fanage, la dessiccation leur a enlevée; il faut néanmoins toujours leur en associer beaucoup, en vue de la production du lait. Elles les rend plus faciles à mâcher, à digérer, et les repas sont moins longs. C'est pour ramollir ces substances, rendre les mélanges plus parfaits, développer de la saveur, de l'odeur, préparer leur digestion, qu'on les fait macérer, cuire à l'eau ou à la vapeur, fermenter.

Ce dernier mode de préparation présente des avantages incontestables. On peut aisément le mettre en pratique de la manière suivante :

On dispose par couches alternatives ou on mêle à la pelle, dans des cuves, dans des auges ou dans des caisses, des fourrages secs divisés, tels que foin, pailles, balles, siliques de colza, tourteaux, etc., avec des aliments aqueux, tels que racines ou tubercules hachés, marcs ou résidus de brasserie, de féculerie, de fabriques de sucre ou d'alcool de betteraves, auxquels on ajoute encore souvent des grains ou graines concassés ou moulus ; on y joint ordinairement une petite dose de sel, et l'on recouvre le mélange. Il s'y établit bientôt une fermentation qui se manifeste par une élévation de température allant jusqu'à 30°, 35° et 40° ; le mélange acquiert une odeur alcoolique sensible, qui ne tarde pas à tourner à l'aigre : c'est le moment de le faire consommer aux animaux, qui en sont habituellement assez friands ; il faut éviter que l'acidification soit poussée trop loin, parce que la santé des animaux pourrait en souffrir (1).

La fermentation demandant trois jours pour être complète, il est nécessaire d'avoir trois vases pouvant contenir chacun les rations d'un jour. Les soins et les frais de main-d'œuvre qu'exige ce mode de préparation sont suffisamment payés par l'augmentation de valeur des aliments.

(1) Isidore Pierre, *Considérations sur l'alimentation du bétail.*

C'est là, à très peu de chose près, le système suivi en Allemagne, où l'on combine souvent la cuisson et la fermentation, en employant de l'eau bouillante pour ramollir les aliments et les disposer à fermenter. Les proportions des substances varient. Ainsi on associe 100 à 150 kilogrammes de paille hachée, de la menue paille, du foin coupé, 20 à 30 kilogrammes de tourteaux mélangés à un peu de grains concassés, ou bien 50 à 60 kilogrammes de paille, 30 ou 40 kilogrammes de racines ou tubercules divisés, écrasés. Toujours on y mêle du sel ou de l'eau salée, et l'on distribue en faisant entrer chaque jour dans la ration quelques kilogrammes de foin ou même de paille en l'état ordinaire.

Les buvées et autres préparations alimentaires ne doivent pas être données chaudes; elles affaibliraient l'estomac et rendraient les animaux difficiles sur le choix des aliments.

Les fourrages secs, les foins, les pailles, les grains peuvent bien faire la base de l'alimentation des vaches laitières ; mais à moins de nécessité absolue ou d'empêchement, ils ne doivent pas la composer exclusivement. Leur emploi occasionne souvent des embarras gastriques, des constipations, et fait produire peu de lait et du beurre blanc. La constipation doit être combattue à l'aide de boissons émollientes ou d'eau vinaigrée, quand on ne peut améliorer la nourriture en y mêlant des racines cuites et écrasées dans l'eau tiède.

3° DES RATIONS.

La nourriture de la vache doit être abondante et variée. La parcimonie est une très mauvaise spéculation. L'exploitation économique de la vache veut absolument que sa nourriture soit indépendante des saisons. C'est une chose fâcheuse de ne pas prévoir les besoins de l'hiver et de conserver plus de bétail qu'on n'en peut bien nourrir. Les dispositions natives des animaux, leurs aptitudes à produire sont précieuses sans doute, mais elles restent sans effet et sans emploi, elles se perdent même, si on ne les entretient par un bon régime, à l'aide d'une bonne alimentation. A moins d'opérer sur des sujets de mauvaise nature, on est toujours sûr d'obtenir du volume, de la chair ou du lait et beaucoup de fumier.

La ration d'une vache ne doit pas être calculée uniquement sur ses besoins réels, sur son poids, mais surtout d'après sa faculté de transformation. Cette faculté, développée à un très haut degré, caractérise les excellentes laitières. Ces bêtes rendent toujours en proportion de ce qu'on leur donne, et l'on n'a guère à craindre de leur fournir un excès de nourriture.

De ce principe, l'un des premiers et des plus simples de la zootechnie, découle la nécessité de bien observer les animaux avant de fixer leur ration, d'étudier leur appétit et leur aptitude à digérer, à transformer.

La quantité d'aliments nécessaire pour entretenir en santé un animal qui ne change pas de poids, ne donne pas de lait et ne travaille point, s'appelle *ration d'entretien*. Elle est évaluée à 1,600 ou 1,700 grammes de foin sec de bonne qualité pour 100 kilogrammes de poids sur pied. Une vache pesant 400 kilogrammes a donc besoin d'environ 7 kilogrammes de foin sec ou de toute autre nourriture équivalente, uniquement pour vivre.

L'expérience a prouvé que la ration d'entretien des petites vaches doit être proportionnellement un peu plus forte que celle des grandes.

Tout ce qui est donné aux animaux en outre de cette ration d'entretien constitue la *ration de production*. Elle doit être au moins égale à l'autre, de telle sorte que la ration totale d'une vache qui produit ne peut être au-dessous de 3 kilogrammes à 3 kilogrammes 500 grammes pour 100 kilogrammes.

Dans les circonstances ordinaires, on ne donne guère que 3 kilogrammes ; cette ration est généralement insuffisante pour les bonnes laitières.

Quand une vache laitière, entretenue à l'étable, a reçu 3 kilogrammes ou 3 kilogrammes 500 grammes de foin ou leur équivalent pour 100 kilogrammes, si elle n'est pas rassasiée, le surplus doit lui être fourni en aliments de première qualité, en farineux, par exemple. C'est ce que font les nourrisseurs des grandes villes. Leurs vaches reçoivent alors une ration totale qui va à 4 ou 5 kilogrammes, et parfois plus, pour 100 kilogrammes de poids vif.

En Normandie, on donne cette dernière proportion en fourrages verts, et la production du lait y est très abondante.

Une vache laitière qui consomme par jour 3 à 4 kilogrammes de foin sec pour 100 kilogrammes de son poids vif, doit avoir, si elle pèse 400 kilogrammes, une ration totale d'au moins 14 à 15 kilogrammes de foin sec ou de tous autres fourrages ayant la même valeur nutritive. Il est clair qu'une semblable ration ne peut être donnée qu'à une bonne laitière, à fruit ou en rapport, et lorsque le lait a de la valeur.

La ration d'entretien ne produit rien ; elle n'a d'autre effet que de soutenir la vie des animaux. C'est de la ration de production que dépend la production de la chair ou du lait. Quand celle-ci se réduit, une partie de l'entretien se trouve en quelque sorte en pure perte. Il est aisé de le démontrer par un simple calcul. Je suppose une vache pesant 300 kilogrammes sur pied ; elle consomme par jour 12 kilogrammes de foin, dont moitié pour son entretien, et produit 10 litres de lait, soit 300 litres par mois. A 10 centimes le litre, ce lait vaut 30 francs : c'est le prix que le propriétaire aura retiré des 360 kilogrammes de foin que sa bête aura consommés. Mais si, au lieu de 4 kilogrammes par 100 de son poids, la vache n'en reçoit plus que 3, c'est-à-dire 9 kilogrammes de foin chaque jour, sa ration d'entretien étant toujours à peu près 6 kilogrammes, il ne reste plus pour celle de production que 3 ou 4 kilogrammes, et le lait étant diminué en proportion tombera à 5 ou 6 litres par jour, c'est-à-dire à 150 ou 180 litres par mois, qui vaudront 15 à 18 francs ; de façon que, dans le premier cas, 360 kilogrammes de foin auront rapporté 30 francs, et dans le second, 270 kilogrammes, seulement 15 à 18 francs au lieu de 22 fr. 50 centimes qu'ils auraient dû produire d'après la proportion de fourrage consommé.

Riedsel veut que la ration de production fasse un litre de lait par kilogramme de fourrage. Cette estimation ne paraît juste qu'autant qu'on a en vue le rendement moyen de l'année. Dans cette hypothèse, une vache consommant en douze mois 3,600 kilogrammes de foin, dont la moitié comme ration de production, donnerait 1,800 litres de lait par an, ce qui ne s'éloigne pas notablement de la production ordinaire. Cette ration n'est pas assez forte pour une vache de taille moyenne et de bonne qualité, car on ne peut guère compter en définitive que sur 40 à 45 litres de lait pour 100 kilogrammes de foin consommé ; 3,600 kilogrammes ne produiraient donc qu'environ 1,600 litres de lait.

D'où je tire cette conclusion que, dans la ferme, la ration moyenne, étant de 10 à 11 kilogrammes de foin ou leur équivalent, n'est pas toujours assez forte et ne peut suffire à toutes les bêtes indistinctement.

Les écrivains et les observateurs sont assez peu d'accord sur le rendement moyen en lait pour une quantité donnée de fourrage. Cela se conçoit aisément par la difficulté d'instituer des expériences rigoureusement comparatives. La proportion que j'indique plus haut me paraît être celle qu'il convient d'adopter pour les circonstances moyennes, et celles-ci doivent s'entendre aussi bien des animaux que du mode d'alimentation.

Le foin, ai-je dit, compose très rarement seul la ration de la vache laitière ; parfois même il n'y entre pas.

Mais il a servi de type de comparaison pour tous les autres fourrages, et c'est à ses effets déduits de l'expérience que l'on a rapporté, pour la déterminer, la valeur de ceux-ci. Aussi les rations sont-elles toujours ramenées à leur valeur en foin.

Mais, pour faire cette réduction, il a fallu déterminer la faculté nutritive des diverses espèces de fourrage, soit par l'expérience directe, soit par l'analyse chimique des principes constituants.

C'est à l'aide de ces moyens que l'on a dressé le tableau suivant des équivalents des substances alimentaires, en prenant le foin sec des prairies naturelles de qualité moyenne comme type. Nous plaçons ici ce tableau, afin de faire connaître aux propriétaires de bétail dans quelle proportion les aliments peuvent se substituer les uns aux autres dans les rations. Ils se rappelleront : 1° que la ration ne peut être bien appréciée que d'après sa valeur nutritive et non d'après son poids ; 2° qu'elle doit contenir assez de principes alibiles et occuper un certain volume.

TABLEAU DES ÉQUIVALENTS NUTRITIFS.

Fourrages secs.

Foin ordinaire des prés de qualité moyenne. . 100.

Foin de trèfle	90 — 100
— de luzerne	90 — 100
— de sainfoin	90 — 100
— de vesce	100
— de millet	100
— d'ivraie	105 — 115

Regain des prés.		100
Paille de froment.	250 — 300	
— de seigle.	300 — 400	
— d'orge	300 — 350	
— d'avoine.	300 — 350	
— de millet.	200	
— de pois.	150 — 200	
— de lentille	150 — 200	
— de vesce.	150 — 200	
— de sarrasin.	300 — 350	
— de colza		250
Balles de froment.		135
Siliques de colza.		200
Feuilles d'orme		150
— de peuplier.		130
— de tilleul.	80	
— de mûrier.	115	
— de vigne	150 — 200	

Grains et graines.

Froment.	40 —	50
Seigle.	45 —	50
Orge	55 —	60
Avoine	60 —	65
Maïs.		50
Millet.		40
Sorgho	60 —	65
Sarrasin.	55 —	60
Fèves	30	
Féveroles	30	
Pois	35	
Vesces	26 —	30

Lentilles	29 —	30
Son.	60 —	70
Glands verts	350	
— secs.	140 —	145
Châtaignes vertes	230	
— sèches.	115 —	120

Fourrages verts.

Herbe verte des prés	400 —	500
Trèfle rouge	350 —	400
— commun	300 —	350
Luzerne.	300 —	350
Sainfoin.	300 —	400
Vesces.	200 —	300
Pois.	200 —	300
Lentilles	200 —	300
Seigle.	500	
Orge escourgeon	500	
Avoine	500	
Maïs	200 —	300
Sorgho	200 —	300
Millet.	200 —	300
Ajonc.	130 —	140
Feuilles vertes de carotte.	130 —	200
— — de betterave.	450	
— — de chou.	450 —	600
— — de rutabaga	500	
Feuilles et tiges de topinambour	300 —	350
— — d'ortie	450	

Racines et tubercules.

Betteraves.	300 —	400
Navets	500 —	600

Rutabagas.	300 — 500
Raves.	500
Carottes.	300
Panais	400 — 450
Topinambours.	200 — 300
Pommes de terre crues.	200 — 300
— — cuites	160 — 200
Courges.	550 — 600

Résidus.

Tourteaux de colza	50
— de lin	50
— de pavot.	50 — 60
— de noix	50 — 60
— de chenevis.	55 — 65
— de cameline.	50 — 60
— de faîne.	60 — 70
Résidus de féculerie	200
— de brasserie	120 — 150
Pulpe de betterave	300
Marc de pommes à cidre.	400
Marc de raisin non distillé.	60 — 70
— — distillé	200

En consultant les chiffres ci-dessus, il est possible de composer une ration d'aliments divers, de manière à donner l'équivalent de 4 kilog. de foin pour 100 kilog. du poids de l'animal à nourrir. On peut aussi faire un choix parmi les substances que l'on a à sa disposition, afin de distribuer des rations aussi économiques que possible, d'après le prix de revient ou d'achat des denrées. Cette dernière considération est d'autant plus importante que le prix de deux rations, également bonnes pour la production du lait, peut être très différent. Or, le but de celui qui exploite est de faire produire beaucoup au meilleur marché possible.

Les évaluations contenues dans le tableau précédent ne sont que des moyennes. Il est clair que la manière dont les fourrages ont été récoltés ou conservés, que leur origine même, peuvent avoir sur leur valeur nutritive une influence marquée. On doit en tenir compte. Ainsi, le foin des prés naturels se trouve réduit, après le fanage, au cinquième environ ou à 20 $^0/_0$ de son poids primitif ; tandis que celui du trèfle, du sainfoin, de la luzerne, bien traité, représente les 25 ou 30 centièmes du fourrage vert.

C'est ainsi encore que les préparations que l'on fait subir aux substances naturellement dures, sèches, difficiles à mâcher, ont pour effet de les rendre plus digestives et conséquemment d'augmenter leur valeur.

La bonne vache laitière tire des aliments plus de substance alibile que le bœuf, mais elle consomme une plus forte ration de production. Il est reconnu qu'il lui faut, à poids égal, une plus grande surface de pâturage. Mais s'il est avantageux, en principe, de lui donner une nourriture abondante, c'est à la condition que cette nourriture ne sera pas trop substantielle, et que la vache sera en mesure de produire actuellement beaucoup de lait; autrement elle s'engraisserait, et le but se trouverait dépassé. Il est donc utile, pour faire beaucoup de lait, que les aliments soient médiocrement nutritifs, associés à beaucoup d'eau, faciles à digérer, et qu'ils maintiennent seulement les animaux en chair, sans toutefois qu'ils aient à souffrir dans leur santé.

Quelques exemples de ration, présentés non comme modèles à imiter, mais comme objets de comparaison et d'étude, compléteront cette partie de notre sujet.

Une vache laitière, de taille et de poids moyens, peut consommer à l'étable, en un jour, 60 à 80 kilog. d'herbe verte des prés ou de céréale, orge escourgeon, seigle, etc., coupée en vert, ou enfin 40 à 60 kilog. de trèfle, luzerne, vesces, lentilles, etc.

Thaër donnait de 35 à 70 kilog. de fourrage vert à ses animaux, selon leur taille.

Ces rations, exclusivement vertes, peuvent être remplacées en été par 45 à 50 kilog. de fourrage vert et 3 à 5 kilog. de paille.

Guénon croyait qu'une vache de taille moyenne pouvait être convenablement nourrie à l'étable avec une ration quotidienne de 5 à 6 kilog. de foin, ou 8 à 9 kilog. de regain, 3 à 4 kilog. de paille, et, à chaque repas, 2 kilog. d'orge ou de seigle écrasés, ou même 2 à 3 kilog. de son.

En hiver, quand les racines, tubercules, résidus, etc., manquent absolument, la ration peut être de 10 à 12 kilog. de foin et 2 à 3 kilog. de paille. Avec cela, il ne faut pas s'attendre à obtenir beaucoup de lait.

Les rations suivantes sont incomparablement meilleures :

Luzerne sèche.	3 kilog.
Betteraves hachées.	40
Son	5
Paille.	5

On pourrait remplacer ici les 40 kilog. de betteraves par 35 kilog. de carottes ou topinambours, ou par 15 kilog. de drèche ou son de bière, et la luzerne et le son par 7 ou 8 kilog. de foin ou regain.

Thaër donnait en hiver, en moyenne :

Foin.	4 k. 500		betteraves . .	18 k.	
Pommes de terre. .	8	500 ou	raves.	21	
Paille hachée. . . .	4		rutabagas. . .	14	500

avec paille à discrétion et boissons blanches.

MM. Boussingault et Lébel ont déduit de leurs expériences que la nature des aliments, *à équivalent égal*, n'a pas d'influence sur la production du lait ou de la viande. L'augmentation considérable des produits, quand, au printemps, les animaux passent de l'étable au pâturage, doit être attribuée d'après cela à l'usage d'une plus grande quantité d'aliments.

L'uniformité dans le régime peut nuire à la santé des animaux, à la quantité et à la qualité des produits. La variété prévient la fatigue, le dégoût, entretient l'appétit et assure de meilleures digestions.

Les expériences dont je viens de parler ont permis de constater un autre fait non moins inattendu peut-être : c'est que la nature des aliments n'a pas sur la composition du lait une influence aussi grande qu'on serait tenté de le croire.

Le tableau suivant, emprunté à M. Boussingault, en fournit la preuve.

ALIMENTS.	NOMBRE de jours écoulés depuis le part.	CASÉUM.	BEURRE.	LACTINE.	EAU.
Foin	200	3,1	4,5	4,7	87,7
Foin, trèfle en vert. . .	24	3,2	3,5	4.5	88,8
Trèfle en vert.	35	3,4	5,6	4,2	86,8
Id.	193	4,3	2,2	4,7	89,7
Id.	204	3,9	3,5	5,2	87,4
Foin, pommes de terre.	176	4,6	4,8	5,1	86,5
Pommes de terre. . . .	229	3,6	4.0	5,9	86,5
Betteraves	215	3,6	4,0	5,3	87,1
Navets	207	3,2	4,2	5,0	87,6
Topinambours	290	3,5	3,5	5,5	87,5

Il ne faut pas conclure toutefois que les changements de régime sont sans influence sur les qualités du lait comme aliment. Celles-ci ne dépendent pas exclusivement des proportions des divers principes constituants de ce liquide; elles tiennent aussi à la présence de substances aromatiques ou autres provenant de la nourriture, et que l'analyse chimique ne décèle pas toujours.

Les expériences de M. Boussingault n'infirment donc pas les données suivantes.

Le lait produit par les fourrages verts est généralement léger; il doit être de préférence destiné à la vente.

L'air libre et pur des champs, l'exercice, ont moins

d'influence sur les qualités du lait que les plantes consommées. Le meilleur lait est celui que produisent les pâturages de montagne, où croissent des plantes fines et aromatiques, ou encore les prés salés; tandis que les herbes des lieux bas et humides ou ombragés, qui sont aqueuses et peu nutritives, et souvent mélangées d'espèces acides ou âcres, produisent toujours du lait médiocre.

La nourriture sèche, de bonne qualité, produit du lait gras et caséeux ; toutefois l'usage prolongé du foin sec, de la paille d'avoine ou d'orge, communique au lait un goût amer. Des fourrages excellents tels que vesces, lentilles, pris ordinairement avec avidité par les vaches, finissent par les dégoûter, si on leur en donne trop longtemps, et par communiquer au beurre un goût désagréable.

Le lait des vaches mal nourries produit toujours un beurre blanc et maigre.

Le bon foin, le bon regain, convenablement associés, les farineux et particulièrement le maïs, les fèves, l'ajonc, donnent un lait excellent. Les jeunes chardons, les orties paraissent être aussi très bons pour les vaches laitières.

Le regain produit plus de beurre que le foin et même les fourrages verts. On croit aussi que le sainfoin fait du lait et du beurre de meilleure qualité que le trèfle et la luzerne.

Les carottes (pastenades, racines jaunes, collets verts) paraissent supérieures aux betteraves pour la production du beurre et du fromage. Le panais, même dans le Midi, leur est inférieur.

Les graines légumineuses, pois, fèves, vesces, etc., font beaucoup de caséum.

Le lait des bêtes qui ne sortent pas de l'étable est, toutes choses égales, plus lourd, d'une digestion plus difficile, et il prend souvent un goût qui rappelle celui de la sueur des animaux.

Les préparations, telles que la cuisson, la macération, la fermentation, que l'on peut faire subir aux aliments dans un but économique, augmentent la quantité des produits, mais presque toujours aux dépens de leur qualité. Sous cet état, ils provoquent la formation de la graisse, et alors le lait diminue.

Il n'est pas de plante ou partie de plante de saveur bien prononcée, d'odeur forte, dont la saveur ou l'odeur ne se retrouve, à un degré plus ou moins appréciable, dans le lait, si les vaches en consomment dans une certaine proportion. On sait que les plantes aromatiques, mêlées aux fourrages, le persil, le thym, la sauge, les baies de genièvre, les semences d'anis, les feuilles de céleri, aromatisent le lait et le beurre, les parfument.

La spergule, l'ivraie vivace, le paturin, la fléole des prés, le trèfle rampant, le lotier, la chicorée, le pissenlit, la moutarde blanche, font produire de bon lait.

J'ai déjà fait remarquer que les crucifères, navet, rave, cresson, julienne, etc., donnent au lait un goût âcre qui rappelle celui du navet; les résidus de la fabrication de l'huile, un goût huileux.

Le topinambour nuit aussi à ses qualités. On prétend que la prêle diminue la sécrétion.

Le petit-lait, que beaucoup de ménagères font boire à leurs vaches, est favorable à la lactation; mais on croit qu'il dispose les animaux à contracter la phthisie.

Certaines plantes peuvent donner au lait une teinte rougeâtre; telles sont la *garance*, le *souci* des étangs. L'*absinthe* lui communique un goût amer.

Les plantes âcres ou narcotico-âcres, telles que *renoncules, colchique, ellébore, ciguë, morelle, etc.;* les plantes acides, comme *patience, oseille, etc.;* les fourrages altérés par la rouille, vasés, poussiéreux, moisis, sont nuisibles à la production et aux qualités du lait, et peuvent compromettre la santé des animaux.

Lorsque le lait a contracté un mauvais goût par suite de l'usage des racines de crucifères, on peut le rétablir en y mêlant, après la traite, un huitième d'eau bouillante.

Celui qui a le goût de l'étable le perd par l'addition d'un gramme de bicarbonate de soude dans trois ou quatre litres de lait. Cette substance peut aussi empêcher le lait de tourner.

4° INFLUENCE DU CHANGEMENT DE NOURRITURE.

Les recherches de divers expérimentateurs, entre autres de MM. Chevalier et Henry, ont prouvé qu'à la suite d'un changement de régime le lait diminue fatalement et ne revient à sa quantité première qu'après sept à huit jours, quel que soit le sens dans lequel ait eu lieu le changement, pourvu que les rations soient convenablement composées dans les deux cas et identiques pour leur valeur nutritive absolue. La différence est en moyenne de 1/8 et se produit en dehors de tout effet résultant de l'acclimatement. Il faut conclure de là que, pour apprécier l'influence d'un mode d'alimentation sur la production lactée, il doit avoir été appliqué pendant huit ou dix jours consécutifs.

L'augmentation qu'éprouve la sécrétion du lait quand les animaux passent de l'étable, où ils étaient nourris au sec et avec parcimonie, dans les prairies, où ils trouvent une nourriture verte, abondante et de leur goût, ne constitue qu'une exception apparente; elle est la conséquence inévitable d'un accroissement très marqué de la ration.

5° DES CONDIMENTS.

Les substances végétales dont l'odeur est forte ou la saveur très prononcée, que l'on mêle aux aliments en petite proportion, sont de véritables condiments ou assaisonnements; leur emploi est rare.

Le sel de cuisine est le condiment dont l'usage est le plus fréquent et le plus facile; c'est celui pour lequel les animaux manifestent le goût le plus décidé.

Le sel fait partie constituante des organes; il est indispensable à leur accroissement, et comme, pendant toute la duré de la vie, on le retrouve dans les sécrétions, sa présence en certaine proportion dans les aliments est une condition de la nutrition. Quand il manque, l'alimentation n'est pas complète, les jeunes animaux ne se développent pas bien, et la santé des adultes souffre. Ceci explique pourquoi, dans toutes les localités où les fourrages sont durs, fades, mal récoltés, où la nourriture n'est pas variée, le sel fait si bien. C'est que là, en effet, il est réclamé.

Mais on s'est exagéré ses effets immédiats sur la production de la chair et du lait, toutes les fois qu'il existait naturellement en proportion convenable dans les aliments.

D'après M. Boussingault, le sel ajouté à la ration ordinaire, à la dose de 34 grammes par tête de jeune bétail âgé de sept à dix mois, n'a pas activé l'accroissement. A dose plus forte, il a été sans influence également sur la production du lait.

Les expériences de MM. Baudement, de Béhague, etc., ont confirmé ces résultats.

Ceci n'est point absolument en contradiction avec les observations faites par divers agriculteurs qui, en donnant du sel, ont obtenu plus de lait. Ces derniers ont dû augmenter la ration, car le sel fait boire et manger davantage. On ne saurait disconvenir, en effet, qu'il excite la salivation et prépare la digestion des aliments. Dans ces cas, son action est indirecte, et ne se manifeste qu'autant que, sans son intervention, les animaux ne prendraient pas toute la nourriture qu'ils pourraient digérer.

Le sel est employé en Angleterre à la dose de 80 à 90 grammes par tête de gros bétail. En Allemagne et en France, où son usage est plus répandu, on en donne 50 à 60 grammes.

Il fait très bien quand la nourriture est fade et dure ou quand les animaux la prennent avec quelque difficulté. Son utilité pour corriger les boissons chaudes, lourdes, indigestes, stagnantes, n'est pas contestable.

Son mélange, dans les proportions de 5 à 10 kilogrammes pour 1,000 kilogrammes, avec les fourrages mouillés pendant la récolte, *délavés*, mal séchés, prévient leur altération ou les améliore. Ce mélange doit être fait au moment de l'emmagasinage.

6° DES BOISSONS.

L'eau ordinaire forme la boisson de nos animaux domestiques.

Trop froide, elle peut occasionner des indigestions ; trop chaude, elle est relâchante, débilitante, et diminue l'appétit. Rendue acide par le vinaigre, elle apaiserait plus vite la soif ; mais son usage prolongé nuirait à la sécrétion du lait. Si on voulait rendre les boissons appétissantes, il vaudrait mieux y délayer un peu de farine.

Les fortes laitières boivent beaucoup. La soif qu'elles éprouvent est une conséquence de l'alimentation abondante qu'elles reçoivent et de l'activité des mamelles ; elle est d'autant plus vive que la nourriture est plus sèche et a subi des préparations qui l'ont modifiée davantage.

Il serait bon que les vaches pussent boire toujours librement et à discrétion. Cela n'étant pas ordinairement, on doit donner des boissons aussi souvent que des fourrages. L'usage exclusif de la nourriture verte ne dispense pas les animaux de boire.

Les eaux vives et courantes des ruisseaux et rivières, celles des sources qui ne sont ni froides, ni dures et crues, doivent être préférées aux autres.

C'est une erreur de croire que les eaux de fumier, que les vaches recherchent avec quelque avidité, sont favorables à la santé et à la production du lait. La préférence dont elles sont l'objet provient de ce qu'elles ont une saveur salée. Quelques pincées de sel ajoutées aux eaux ordinaires distribuées à l'étable rendent celles-ci meilleures et font boire davantage. Cependant je conseillerais de mêler plutôt le sel aux aliments, si les eaux étaient d'ailleurs bonnes.

Quand, en été, on est obligé de faire boire des eaux croupies, altérées, il faut les filtrer en les faisant passer à travers une couche de gravier, ou mieux encore à travers une couche de charbon de bois ; on y ajoute ensuite un peu de son, de sel, ou bien, dans les très grandes chaleurs, un peu de vinaigre.

7° DISTRIBUTION DES ALIMENTS.

Elle doit avoir lieu régulièrement trois ou quatre fois par jour, et autant que possible aux mêmes heures.

Cette régularité est plus importante que beaucoup de personnes ne le pensent. Les bêtes qui attendent leur ration s'agitent, se tourmentent, et la sécrétion du lait en souffre.

Chaque distribution comprend généralement une portion de la ration totale. La variété est d'abord un moyen d'exciter l'appétit, et elle favorise la digestion. L'animal qui retrouve devant lui tous les aliments qu'il reçoit d'habitude mange sans préoccupation et avec plus de profit.

Avec l'exactitude et la régularité dans les distributions, je recommanderai la propreté. Chaque fois que l'on donne des aliments, il faut s'assurer que les râteliers, les mangeoires, ne contiennent rien qui puisse salir la nourriture et faire éprouver du dégoût aux animaux.

La disposition qui consiste à supprimer les râteliers et à déposer la nourriture dans de grandes auges séparées des animaux par un bâtis en maçonnerie ou en bois, exige de la place, mais facilite beaucoup les soins de propreté.

Il ne faut pas donner aux bêtes bovines une trop grande quantité d'aliments à la fois; elles choisiraient ce qui leur semblerait meilleur et laisseraient le reste. Ces animaux sont assez délicats; ils refusent la nourriture sur laquelle leur haleine, et surtout l'haleine de leurs voisins, a été dirigée quelque temps. De là l'indication de distribuer les fourrages à doses fractionnées.

On fait boire immédiatement après le repas. Parfois même les animaux, pressés par la soif, refusent de prendre les fourrages; on leur donne à boire, et ils se mettent ensuite à manger.

Un bon bouvier surveille les animaux pendant leur repas, afin que chacun ait bien ce qui lui était destiné.

8° DE LA MULSION OU TRAITE.

C'est l'action de traire, de tirer ou de faire écouler des mamelles le lait qu'elles contiennent.

La mulsion est indispensable; le lait ne s'écoule point de lui-même. Bien faite, elle doit apporter du soulagement aux animaux, et, par conséquent, ils doivent plutôt la désirer que la craindre. Autant que possible, il faut l'exécuter chaque jour aux mêmes heures.

La manière dont cette opération est pratiquée peut avoir de l'influence sur le rendement. On a souvent remarqué que certaines personnes obtiennent plus que d'autres des mêmes animaux. La douceur, et j'oserais dire, l'affabilité envers eux, sont des conditions indispensables. Les gens brusques, violents, excitent la crainte et suspendent l'écoulement et la sécrétion.

Il faut traire doucement, rapidement et complètement.

On a vu des vaches qui avaient vélé depuis peu *retenir* invinciblement leur lait. Pour les décider à le donner en totalité, on conseille d'attacher leur veau près d'elles, en leur couvrant la tête afin qu'elles puissent le toucher, le flairer sans le voir. On propose aussi, pour distraire leur attention et leur volonté, d'introduire un bâton dans les organes sexuels, et pour leur faire désirer un soulagement, de frapper légèrement les mamelles avec une branche d'ortie. Ces deux derniers moyens ne me paraissent pas sans danger.

Il est des vaches difficiles à traire, chatouilleuses, qui se défendent et se jettent de côté quand on s'approche d'elles pour les traire ; les génisses qui ont mis bas pour la première fois sont plus souvent que les autres dans ce cas. Lorsque cela arrive, après avoir épuisé les moyens de douceur, on est bien obligé d'en venir à la contrainte, à l'emploi de la force. Alors, au moment de traire, on attache fortement la tête de la vache à la mangeoire, et on lui tient levé et fléchi le membre antérieur du côté où se place la personne qui opère la mulsion.

Ce moyen ne suffit pas toujours. Il en reste d'autres dont l'effet ne s'explique guère et qui ne réussissent pas toujours, mais que l'on peut essayer : ils consistent à faire placer sur le corps de la vache, et de préférence par une personne étrangère à la maison, un objet qui pend de chaque côté et auquel la bête n'est pas habituée, un lien de paille fraiche, par exemple; à mettre un bâton blanc en travers sur l'encolure ou sur le derrière de la tête, etc., etc., toutefois sans contrainte, sans brusquerie et comme naturellement. Je ne parle de ces procédés singuliers et de la plus grande simplicité que parce que je les ai vus réussir.

Rarement une bonne laitière, convenablement traitée, refuse de se laisser traire. On doit vendre ou engraisser la bête qui se défend et s'agite pendant la mulsion, quand rien ne devrait d'ailleurs la tourmenter.

On trait partout avec la main. L'emploi des tubes trayeurs ne me parait pas avantageux. On l'a plus spécialement conseillé pour les bêtes difficiles et pour celles dont le pis est douloureux ou présente des crevasses, etc. La mulsion, dans ces derniers cas, doit être faite avec beaucoup de précaution.

La mulsion s'effectue une ou deux fois par jour, selon l'abondance du lait. S'il est inutile de traire trop souvent, il est dangereux et il n'est point économique de laisser le lait trop longtemps dans le pis.

Les vaches fraiches au lait et très abondantes sont

seules traites trois fois. Une mulsion fréquente accroît un peu la quantité du produit, mais en diminue les qualités.

Le lait n'a pas exactement la même composition au commencement et à la fin d'une traite. Le dernier tiré est beaucoup plus chargé de matières grasses. Dans deux séries d'expériences, Quévenne a obtenu les résultats suivants :

MOMENT DE LA TRAITE.	1re EXPÉRIENCE.		2e EXPÉRIENCE.	
	DENSITÉ du lait.	PROPORTION de crème.	DENSITÉ du lait.	PROPORTION de crème.
Commencement.	1032,6	5	1029,9	6
Milieu.	1031,2	6	1029,7	15
Fin	1029,6	12	1027,4	21

La proportion de caséine varie peu ; celle du sucre de lait tend habituellement à décroître.

Parmentier et Deyeux, qui, les premiers, ont constaté les changements que subit la proportion de crème, selon le moment de la traite ; Bosc, qui a répété leurs observations, ont souvent trouvé la différence plus forte que ne l'indique le tableau précédent. Cette différence toutefois ne devient sensible, suivant les recherches récentes de M. Reiset, qu'après quatre heures de séjour du lait dans les mamelles.

Le phénomène que je viens de mentionner provient-il d'une séparation des principes constituants du lait, semblable à celle que nous voyons se produire dans les vases inertes ? Mais s'il en était ainsi, on devrait l'observer dans la chèvre, ce qui n'a pas lieu. MM. Bouchardat et Quévenne l'attribuent à une influence physiologique.

9° DE LA CASTRATION.

La castration de la vache consiste dans l'ablation des ovaires, à travers une incision pratiquée dans le flanc ou dans la paroi supérieure du vagin.

Cette opération prive cet animal de la faculté de se reproduire ; elle est connue en Europe depuis le milieu du siècle dernier.

Elle a été conseillée dans le but de conserver aux vaches, pendant un temps indéterminé, sans qu'il soit besoin de les livrer au taureau, la disposition à donner du lait. On sait qu'à la suite de la fécondation, l'activité des mamelles diminue peu à peu, et souvent même est suspendue tout à fait plus ou moins de temps avant la mise bas. Quelque chose d'analogue arrive si les bêtes restent vides.

La sécrétion du lait se trouve donc liée ici à l'exercice des fonctions génératrices et jusqu'à un certain point sous leur dépendance.

Si, dans le moment où cette sécrétion est le plus active, on suspend ces fonctions, les mamelles pourront continuer à produire sans diminution, sans variations. Malheureusement l'activité des glandes mammaires ne se conserve pas indéfiniment au point où elle se trouvait avant l'opération. Au bout d'un an ou deux, elle s'affaiblit, diminue, pour faire place à une tendance marquée à la formation de la graisse, tendance qui devient bientôt dominante et finit par l'emporter tout à fait. Alors le lait se tarit, et la vache doit être livrée au boucher.

La castration de la vache est une opération sérieuse. Il est vrai qu'à l'aide des procédés et des instruments imaginés par un vétérinaire de Reims, M. Charlier, son exécution ne présente ni autant de difficultés ni les mêmes dangers qu'autrefois ; mais ces instruments et ces procédés sont encore peu connus, et quelques précautions que l'on prenne d'ailleurs, la castration fait toujours courir des risques aux animaux qui la subissent.

Je crains qu'il n'en soit de cette opération comme de beaucoup d'autres découvertes. On promet trop en leur nom ; on leur fait escompter l'avenir, et l'avenir ne répond pas toujours aux espérances que l'on avait fondées sur lui.

Un journal d'agriculture affirmait dernièrement que la castration des vaches était destinée à opérer une révolution dans nos habitudes agricoles. Le mot est trop ambitieux ; il renferme une de ces inconséquences fréquentes dans les personnes préoccupées d'une invention ou d'une idée exclusive, et qui rapportent tout à l'ordre de choses dans lequel elles vivent.

Je suppose que la castration ait tous les avantages immédiats qu'on lui attribue, comme de conserver pendant quelque temps la faculté laitière, d'augmenter la disposition à l'engraissement, de faire produire du lait plus gras, de la chair meilleure ; j'admets enfin que son exécution n'est suivie d'aucun danger ; je n'en suis pas moins convaincu que son application n'est point susceptible du degré de généralisation que ses partisans ont rêvée pour elle, que cette généralisation ne serait pas sans inconvénient.

Aussi le vrai point de vue où il faut se placer pour juger aujourd'hui sainement l'importance de la castration des vaches ne me paraît-il pas être celui auquel on s'est principalement arrêté. *Pour le présent*, je ne vois dans cette opération qu'un moyen efficace de diminuer le nombres des médiocres et des mauvaises laitières, d'augmenter, sans trop de perte d'ailleurs, la production de la viande de boucherie, de donner de l'essor à l'élevage du bétail dans les localités où l'élevage est économiquement praticable, et enfin de conduire forcément à une amélioration de l'espèce.

Mais ce simple changement dans le point de vue en apporte un considérable dans les circonstances de l'application. L'opération, en effet, doit être réservée d'abord pour les vaches *taurelières*, infécondes ou difficiles à féconder, pour celles qui donnent peu de lait ou le perdent rapidement après le vélage; en second lieu, pour les bêtes déjà vieilles, autrefois bonnes, et qui vont cesser de produire abondamment; enfin pour les excellentes laitières, quand le lait sera un produit capital et que l'on pourra opérer à volonté un renouvellement d'animaux.

Alors on n'arrache pas indistinctement à la reproduction, au moment où elles sont le plus aptes à propager la race, les vaches jeunes, très productives, dont le nombre, dans les contrées d'élevage, devra être d'autant plus grand que cette rapide succession d'animaux, cet immense renouvellement que l'on veut établir créera plus de besoins.

Après, il faudra ôter au consommateur français son goût pour la viande de veau, et faire en sorte que le prix qu'elle atteindra ne tente pas trop les propriétaires chargés de produire pour l'élevage.

C'est ainsi que je comprends cette question et qu'elle me paraît devoir être jugée, quand on n'a pas de système à faire prévaloir, et qu'on ne veut pas la rabaisser, comme on le fait communément, aux proportions de l'intérêt d'un marchand de lait ou même d'une localité déterminée.

10° DU TRAVAIL ET DE SON INFLUENCE SUR LA PRODUCTION DU LAIT.

La vache est plus agile et supporte mieux les longues courses que le bœuf, mais elle est moins forte et moins robuste. On l'emploie néanmoins aux mêmes travaux, à la culture des terres, au transport des produits. Il est des circonstances où l'on trouve un avantage incontestable à la faire travailler. Quand on n'a pas besoin de beaucoup de puissance, lorsque les terres sont légères, les labours peu profonds ; dans les pays essentiellement viticoles et de petite culture, où les travaux ne sont pas assez suivis et reviendraient à un prix trop élevé si on y employait les chevaux ou les bœufs, c'est à la vache qu'il faut recourir.

Si, dans de semblables conditions, elle est généralement petite, mal entretenue, peu productive, on doit moins l'attribuer à son emploi comme moteur qu'au peu de soins que l'on apporte dans son choix et surtout dans son régime. N'attachant de prix qu'au travail et au fumier, pour en obtenir davantage, le cultivateur croit devoir entretenir le plus grand nombre possible d'animaux, sans se demander parfois s'il possède assez de fourrages pour les nourrir convenablement. Il ne sait pas, ou il ne pense pas que deux bonnes bêtes, bien entretenues, font autant de travail et produisent plus d'engrais et de lait que quatre vaches étiques manquant du nécessaire.

Dans les localités où l'on fait habituellement travailler les vaches, on ne tient pas assez de compte du lait qu'elles pourraient donner, c'est un tort. Il n'y a pas incompatibilité entre la sécrétion lactée et le travail, si ce dernier n'est pas poussé à l'excès.

Sans doute, on ne peut espérer obtenir du même animal à la fois un service suivi, fatigant, et beaucoup de lait. Si modéré que soit le travail, il nuit toujours à la lactation. Sans doute aussi, l'organisation de la bonne laitière se refuse aux efforts que réclament les labours pénibles, le hersage prolongé, les charrois lointains ; mais on peut concilier, dans certaines limites au moins, les deux exigences. Les vaches de Salers, de la Franche-Comté, de la Bresse, travaillent bien ou assez bien, et ne manquent cependant pas de disposition à donner du lait.

Que dans la bête de travail on recherche une large poitrine, une tête et un cou plus forts, de bons membres, je le comprends ; mais, pour trainer la charrue ou un fardeau, elle n'a pas besoin d'être tout nerfs et tout os. La vache, avant d'être laitière, est nourrice, et, en définitive, les meilleurs veaux de boucherie ou d'élevage sont toujours ceux qui ont été le mieux allaités. D'ailleurs, le travail n'étant réclamé que pendant une partie de l'année, ne doit pas être l'unique produit recherché; tandis que le lait satisfait des besoins de chaque jour.

Il ne faut donc jamais négliger, dans le choix des vaches pour le travail, les signes de la lactation, puisque le lait contribue toujours à payer les frais d'entretien des animaux.

Dans son emploi, la vache réclame plus de précautions, plus de ménagements que le bœuf. Elle gagne en célérité ce qu'elle perd en puissance. Il vaut mieux presser un peu sa marche ou la faire travailler un peu plus longtemps que d'en exiger de violents efforts ou lui imposer de trop lourdes charges.

La vache qui travaille habituellement cesse de donner du lait au moment du sevrage ou peu de temps après. Deux causes peuvent concourir à ce résultat : le manque d'aptitude et l'exercice qui occasionne des pertes.

Les mouvements qu'exécutent les animaux pour aller chaque jour sur des pâturages éloignés, suffisent même pour faire diminuer le lait, à tel point que, dans ces cas, il faut laisser le bétail dans la prairie ou le nourrir à l'étable. Sans cela, le lait, comme on le dit, se perd en route.

Si le travail est pénible et la chaleur forte, la respiration devient plus rapide, la transpiration plus abondante. L'excédant de la nutrition, qui aurait été employé à former du lait si la vache fût restée en repos, se dirige vers la peau et vers le poumon; alors les mamelles, ne trouvant plus dans le sang les matériaux de leur sécrétion propre, retombent dans l'inertie et cessent de fonctionner, en attendant qu'une nouvelle gestation y ramène momentanément l'activité.

Ce résultat est inévitable; il arrive plus tôt ou plus tard, selon les qualités des animaux, le régime, la durée et les fatigues du travail.

La suppression du lait vient, en effet, de ce que les aliments ne fournissent au corps que ce qui est strictement nécessaire à sa conservation. Une vache qui ne reçoit par jour que 2 kilog. $1/2$ à 3 kilog. de foin ordinaire ou leur équivalent, pour 100 kilog. de son poids vif, n'est pas assez fortement nourrie pour pouvoir donner du lait, si on la fait travailler. Cette ration forme, pour une bête pesant 400 kilog., un total de 10 à 12 kilog. de foin par journée, ce qui est évidemment insuffisant. Il lui faudrait, pour être bien entretenue, 6 à 8 kilog. de foin, 3 à 4 kilog. de paille, 15 à 18 kilog. de betteraves, pommes de terre, navets ou carottes, du son ou des résidus de brasserie, etc.

Il est à peine besoin d'ajouter que la vache qui travaille étant pleine doit être mieux nourrie que les autres et plus ménagée, surtout dans les derniers mois de la gestation, lorsque son ventre devient volumineux.

La vache peut travailler au joug ou au collier. Dans le centre, dans le midi et dans une grande partie de l'est de la France, on ne se sert guère que du joug, et l'on ne voit pas que dans ces contrées les animaux souffrent davantage et durent moins qu'ailleurs. Sous le rapport de l'emploi des forces, il ne paraît pas douteux que le joug, quand il est bien fait, ne vaille le collier; et il a de plus l'avantage, ce qui est précieux, de rendre le conducteur plus maître des animaux, de permettre de faire exclusivement usage, dans toutes les circonstances, de l'aiguillon, et de supprimer souvent un guide, d'être tout à la fois économique et simple, de n'exiger guère de réparations, de donner aux animaux la possibilité de reculer avec leur charge sans l'addition d'un autre harnais.

A ces considérations en faveur du joug on peut en ajouter une autre qui acquiert ici beaucoup de valeur : c'est que le collier s'adapte très mal sur l'épaule très saillante et très mobile de la bonne vache laitière.

On peut discuter comparativement l'emploi du joug et du collier pour l'attelage des bêtes bovines, rechercher les avantages et les inconvénients de ces deux modes; mais prétendre que l'usage du joug est barbare me paraît être de la pure déclamation.

Une vache peut travailler quatre à cinq heures de suite et recommencer après une heure ou deux de repos. Dans les conditions ordinaires, une vache met un peu moins d'un quart d'heure pour manger 1 kilog. de foin; mais il faut qu'il lui reste après son repas le temps de ruminer et de se reposer.

Est-il besoin de faire observer que les vaches qui viennent de travailler ne doivent pas rester exposées à la pluie, au vent, au brouillard, ne doivent pas recevoir des aliments, de l'eau, surtout si elles ont chaud et sont fatiguées? Un bouvier soigneux les mettra à l'étable, les bouchonnera si elles sont mouillées, leur mettra des couvertures si elles se sont refroidies. On est surpris de voir des animaux tomber malades, on se plaint qu'ils ne produisent pas assez; à qui la faute n'en revient-elle pas souvent?

11° DE LA RUMINATION.

Le bœuf, la vache, le mouton, la chèvre, etc., avalent très vite leurs aliments. Mais après le repas ils les font revenir dans leur bouche par petites portions, pour les mâcher de nouveau, et cette fois complètement, et les avaler ensuite et les digérer.

Ce retour des aliments du rumen ou panse dans la bouche, suivi d'une seconde mastication, constitue la *rumination*. C'est un acte essentiel de la digestion, indispensable à la conservation de la santé. Quand il a été troublé ou suspendu pour une cause quelconque, les animaux perdent l'appétit et deviennent malades. On doit laisser les animaux l'exécuter avec calme et ne point l'interrompre brusquement.

Le bœuf, la vache, se couchent ordinairement pour ruminer, lorsqu'ils sont libres. Mais ils peuvent le faire debout et en marchant lentement. Le cultivateur soigneux de son bétail lui donne, avant de le remettre au travail, le temps de ruminer, ou, s'il est obligé d'atteler immédiatement après le repas, il mène les animaux doucement, ne les fatigue pas, et, quelque temps après, leur laisse un peu de repos.

12° SOINS DIVERS. PANSAGE. FERRURE.

Propreté. Les bêtes bovines sont plus délicates et plus faciles à dégoûter qu'on n'est généralement disposé à le croire. Le propriétaire doit donc veiller à ce que le râtelier, la mangeoire soient toujours propres, à ce que les aliments ne soient salis ni infectés par quoi que ce soit. Il est surtout important de tenir en bon état les vases dans lesquels on donne des aliments mouillés, cuits ou fermentés ; sinon ces vases prennent une odeur aigre qui peut ôter l'appétit aux animaux.

Nous ne saurions trop appuyer sur ces questions de détail presque toujours trop négligées.

Pansage. On est assez généralement persuadé de l'utilité du pansage pour les chevaux. Il n'en est pas de même à l'égard de la vache ; pour elle, on croit presque partout pouvoir s'en dispenser tout à fait.

Le pansage de la main n'est sans doute pas nécessaire pour des animaux qui vivent constamment dans les pâturages, à l'air libre, où la transpiration s'évapore aisément. Mais pour des bêtes qui ne sortent pas de la bouverie, qui ne peuvent, par le frottement contre les arbres, les murs ou les haies, suppléer à l'action de l'homme, dont la peau se couvre de débris d'épiderme, de poussière et même d'excréments, comment supposer de bonne foi que le pansage n'est point avantageux à leur santé, à la production du lait ?

Il ne s'agit pas d'un pansage exagéré avec la brosse et l'étrille, qui demande beaucoup de temps, qui rend la peau sensible et tourmente les animaux, mais de celui qui a seulement pour objet la propreté du corps. et peut être exécuté en un instant avec un bouchon de paille.

Plusieurs agronomes dont on aime à invoquer le nom et l'exemple, entre autres M. de Dombasle, recommandent le pansage pour les vaches.

Les objections que l'on a faites à cette mesure hygiénique n'ont aucune valeur. Dans beaucoup de localités, on brosse, on approprie soigneusement les vaches laitières, et elles ne sont pas moins productives que celles qui croupissent dans la malpropreté. Au contraire, l'excitation produite sur la peau par le frottement est favorable à la digestion et au repos des animaux; et enfin l'expérience démontre que les vaches tenues salement, et qui ne sont jamais pansées, produisent, toutes choses étant égales, du lait et du beurre moins bons, dans lesquels un palais délicat distingue le goût de l'étable.

Les soins de propreté ne doivent pas se limiter aux surfaces les plus apparentes du corps; il faut les étendre à toutes les parties, sans distinction. Il faut tenir propres surtout les mamelles et les trayons, qui se couvrent facilement de fumier, de crasse, si l'on n'y veille point. Un lavage de temps à autre, avec de l'eau tiède ou du lait chaud, entretient leur propreté et leur souplesse.

Ferrure. On ne ferre que les vaches qui travaillent, fréquentent les chemins pierreux, les grandes routes, et font un service suivi.

La ferrure, exécutée comme celle du bœuf, doit être plus légère. Souvent on ne ferre que les deux membres antérieurs, et parfois même les onglons externes sont seuls ferrés.

13° DE LA MÉTÉORISATION.

La météorisation, que l'on appelle encore *tympanite*, *gonflement*, est une indigestion avec formation d'une grande quantité de gaz dans la panse ou le rumen.

Cet accident est commun. C'est à tort qu'on l'attribue à la piqûre de la musaraigne, à des poisons qui auraient été déposés sur les plantes.

Il survient quand les animaux mangent avidement beaucoup d'herbe verte, surtout du trèfle, de la luzerne, et que les plantes sont couvertes de gelée blanche ou amorties par le soleil, quand on les donne à l'étable quelque temps après les avoir coupées, ou déjà échauffées par un commencement de fermentation.

La météorisation est plus fréquente et plus grave encore quand le trèfle et la luzerne sont jeunes, vigoureux, feuillus. On a aussi constaté que la dépaissance sur les trèfles était plus à craindre dans les terres fortes, après le plâtrage, au moment de la repousse qui suit la fauchaison, et enfin après l'enlèvement de la céréale semée sur fourrage.

Les racines et tubercules crus, les grains, le son pris trop rapidement et en grande quantité, peuvent aussi l'occasionner.

L'affection se montre presque toujours subitement et marche avec rapidité ; elle se caractérise essentiellement par le gonflement du flanc gauche, qui est tendu, très élevé et résonnant, par une grande difficulté de respirer, qui force l'animal à rester debout, la tête et le cou allongés, la bouche et les narines largement ouvertes. Si on ne se hâte de porter au mal un prompt remède, le malade tombe bientôt asphyxié et meurt dans les convulsions, en rejetant par la bouche et le nez un mélange écumeux de gaz et d'aliments broyés.

Ces symptômes se succèdent quelquefois si vite que les animaux succombent avant qu'on ait pu les secourir.

Lorsque la météorisation est récente et légère, on peut la faire cesser en faisant prendre à grandes gorgées des breuvages d'eau salée, d'eau de chaux, d'eau de savon, d'eau de lessive de cendres associée avec une petite quantité d'eau de javelle.

Ces moyens ne suffisent pas toujours; dans les cas plus graves ou plus pressés, on conseille d'administrer 30 à 60 grammes d'éther sulfurique dans un litre d'eau froide, ou 30 à 50 grammes d'ammoniaque ou alcali volatil, mélangé de même. Mais ces substances ont le double inconvénient d'être d'un emploi assez difficile, de provoquer parfois une toux qui hâte l'asphyxie, et, si les animaux meurent, de communiquer à leur chair un goût qui la fait repousser de la consommation.

Le sel de cuisine peut être également essayé. Après avoir levé la tête du malade et tiré fortement sa langue, on en projette une poignée dans le fond de la bouche. Cette substance provoque des mouvements répétés des mâchoires et des éructations.

8.

Les moyens mécaniques sont généralement préférables ; ce sont presque les seuls sur lesquels on puisse compter quand la météorisation est grave et la suffocation à craindre. Ils ne sont pas tous également bons.

Le plus simple consiste à introduire dans la bouche un fort lien de paille, en même temps que l'on tient sur le corps de l'animal une couverture mouillée.

Ou bien, on engage par la bouche jusque dans la panse une baguette longue, flexible, polie, de la grosseur du doigt, et on la maintient dans cette situation jusqu'à ce que les gaz aient été expulsés.

Un moyen bien meilleur consiste à employer, au lieu d'une baguette, une sonde composée d'un fil de fer mince roulé en spirales rapprochées, de manière à former un tube de 2 à 3 centimètres de diamètre et de 1 mètre 30 centimètres environ de longueur. Cette sonde est couverte d'un cuir mince et terminée à l'une de ses extrémités par un renflement olivaire du volume d'un œuf de pigeon et percé de trous ; l'autre extrémité porte un pavillon un peu évasé.

Pour se servir de cet instrument, on l'introduit par son extrémité renflée dans la bouche et jusque dans le rumen. On le tient dans cette position tant que dure la météorisation et qu'il reste des gaz à faire échapper au dehors. Un morceau de bois percé d'un trou à son centre pour recevoir la sonde et placé entre les mâchoires qu'il tient écartées, empêche l'instrument de se déplacer et le protége contre les dents de l'animal.

Dans ces derniers temps on a substitué à la sonde

dont je viens de parler, et qui est connue depuis long-temps, un tube en gutta-percha; cette substitution ne présente aucun avantage.

Si l'on n'a pas à sa disposition l'un des appareils précédents, et que les autres moyens soient jugés inefficaces, il faut percer le flanc et ouvrir le rumen.

Cette opération ne présente aucune difficulté. On la pratique dans le flanc gauche, à peu près au milieu de l'espace qui sépare la dernière côte de la pointe de la hanche. (*Voyez pl.* 1.) A défaut d'autre chose, un couteau effilé, à lame pointue, peut servir. On l'enfonce brusquement de haut en bas et de dehors en dedans, au point indiqué, jusqu'à ce que l'instrument pénètre dans le rumen. Sans le retirer, on le fait mouvoir de manière à écarter les lèvres de la plaie et à donner issue aux gaz. On pourrait y substituer ensuite un petit tube en ferblanc ou en bois de sureau que l'on tiendrait quelque temps en place.

Cette opération est bien plus facile à faire et bien mieux exécutée à l'aide du trocart. Cet instrument, représenté *pl.* 6, *fig.* 5, est composé de deux pièces distinctes, la canule et le trocart proprement dit ou poinçon. La canule, un peu plus courte, est terminée à l'une de ses extrémités par une espèce de pavillon ; le trocart la remplit exactement sans frottement.

La ponction s'effectue de la manière suivante : après avoir rapidement marqué le lieu, on fait une petite incision qui intéresse toute l'épaisseur de la peau ; la pointe de la canule est ensuite appliquée dans le fond de la plaie, et l'on engage le poinçon dedans jusqu'à ce qu'il rencontre une résistance ; alors on frappe de la paume de la main droite un coup brusque sur le manche de l'instrument, qui s'enfonce et pénètre avec la canule jusque dans le rumen. On retire ensuite le poinçon, et la canule fixée dans la plaie livre passage aux gaz, qui s'échappent parfois avec violence.

Si la canule se trouvait obstruée par les aliments, on la déboucherait à l'aide du poinçon ou d'une petite baguette, autant de fois que cela serait utile.

La canule doit rester en place jusqu'à ce que toute crainte d'un nouveau gonflement soit dissipée. Après quoi on la retire, puis on maintient rapprochées les lèvres de la plaie à l'aide d'un petit morceau de toile et d'un peu de poix.

Quand il y a surcharge d'aliments, il peut être indispensable d'en retirer une partie ; mais alors l'ouverture faite avec le trocart ne suffit plus ; il faut l'agrandir de manière à pouvoir y faire passer la main d'un enfant ou d'un jeune homme. Il faut alors apporter plus de soins dans le pansement de la plaie. Ces dernières opérations peuvent être suivies d'accidents graves ; les propriétaires feront bien de ne s'en rapporter, pour leur direction ou leur exécution, qu'au vétérinaire, s'il y a possibilité de l'appeler.

Si le gonflement s'était produit avec beaucoup de rapidité ou prenait des proportions considérables, que le malade fût menacé de suffocation avant que l'on ait pu pratiquer la ponction, on devrait le soutenir debout avec des sangles ou des draps passés sous le ventre et la poitrine.

-Quand la météorisation a complètement cessé, que la respiration est redevenue calme et régulière, on donne à l'animal une infusion de camomille ou de plantes aromatiques, puis plus tard des boissons blanches tièdes, et enfin un peu de bon foin sec. Le malade restera pendant un jour ou deux à une demi-diète.

Plusieurs animaux peuvent être météorisés et réclamer en même temps l'opération. Un trocart peut suffire encore ; mais, dans ce cas, il serait très avantageux d'avoir à sa disposition plusieurs canules de même calibre.

Je ne saurais trop recommander aux propriétaires de bétail de se pourvoir de ces instruments, dont le prix est peu élevé, et de recourir à leur emploi aussitôt que la météorisation prend quelque développement, avant même qu'il y ait danger véritable. Pratiquée à temps, la ponction réussit toujours.

14° PRODUCTION DU FUMIER PAR LES VACHES.

« Dans tous les calculs qui ont pour objet les produits du bétail, on n'estime pas assez haut la valeur du fumier. On se contente d'estimer approximativement la valeur des produits obtenus, et on ne fait pas attention qu'il y a ici une production composée, parce que le fumier ne donne pas seulement des produits immédiats par les récoltes plus abondantes qu'il fait sortir de terre, mais que ces récoltes amèneront à leur tour pour les années suivantes une augmentation de fumier. Si une ferme est cultivée de manière à produire chaque année le fumier strictement nécessaire à son entretien, et qu'elle reste ainsi stationnaire, on peut calculer ce que le fumier rapporte et, par conséquent, ce qu'il vaut pour cette ferme ; mais si l'on donne à la terre, ne fût-ce qu'une voiture de fumier de plus, que ce fumier soit employé à produire du fourrage qui lui-même produira d'autre fumier, alors la ferme se trouvera dans une voie d'amélioration progressive qui devient plus rapide à mesure qu'on avance davantage. Et qu'on ne craigne pas de tourner ainsi dans un cercle vicieux en produisant du fourrage pour avoir du fumier, et du fumier seulement pour avoir du fourrage; car, d'abord, avec le fourrage on entretient du bétail qui donne toujours un produit, ne fût-il que très peu considérable; puis, comme dit le proverbe : *Qui a du foin a du pain*, et, tout en produisant beaucoup de fourrage pour la nourriture du bétail, on arrivera tout naturellement à produire beaucoup de grain (1). »

Le premier principe, dit encore M. F. Villeroy, est qu'il faut produire beaucoup de fumier ; le plus habile est celui qui en produit le plus au meilleur marché en faisant consommer ses fourrages de la manière la plus avantageuse.

Mais l'exploitation des animaux ne peut, ne doit pas être dirigée exclusivement vers ce but. Car, ajoute le même agronome, si les bêtes ne sont considérées que comme des machines à fumier, on s'en inquiétera peu;

---

(1) *Manuel de l'éleveur de bêtes à cornes* ; par M. Félix Villeroy. 2e édition, in-12, page 122.

tandis que le cultivateur qui attachera la plus grande importance au bétail, à ses produits immédiats, qui entretiendra les bêtes des meilleures races , qui leur donnera le plus de soins, en retirera certainement le profit le plus considérable, et sans que la culture des terres en souffre en aucune manière. Bien au contraire, celui qui a de beau et bon bétail, objet de tous ses soins, en augmente le nombre autant que possible ; la production du fumier suit la même progression, la fertilité des terres va toujours croissant, et l'augmentation des récoltes de grains en est la conséquence et le résultat infaillible.

Donc, pour produire beaucoup de fumier au meilleur compte, il faut avoir autant de *bon bétail* qu'on en peut bien *nourrir* et lui donner tous les soins qu'il réclame.

A cela il faut joindre, comme condition indispensable, un bon emploi des litières, un mode judicieux de collection et de conservation des fumiers.

La vache fait proportionnellement moins de fumier que le bœuf. Laitière, une partie des produits azotés qui se fussent trouvés dans les urines, dans les excréments ou les fluides de la transpiration, passe dans le lait. Et, d'autre part, une bête qui travaille doit produire nécessairement une quantité de fumier plus faible que celle qui est soumise à la stabulation permanente.

Plus la quantité de lait fournie est grande relativement à la nourriture consommée, moins abondant et moins riche doit être le fumier produit par la vache. Le minimum sera donné par la bête pleine, qui produit du lait et travaille, et qui enfin est mal entretenue.

Il est essentiel de tenir compte de ces différences, quand on veut calculer la somme d'engrais que les animaux sont susceptibles de fournir, en faisant entrer, bien entendu, en ligne de compte, la manière dont les animaux sont logés, la nature et le poids de la litière.

Une vache de taille moyenne, nourrie à l'étable, recevant une litière de paille suffisante et ne travaillant pas, doit donner en un an, s'il n'y a aucune perte d'urine ou autres excréments, 12,000 à 14,000 kilog. de fumier à demi consommé. Ces chiffres sont des moyennes qu'un cultivateur intelligent atteindra sans précaution exceptionnelle. En Belgique, en Hollande, on obtient généralement davantage.

Le tableau suivant, emprunté au tome IV de la *Maison rustique*, donne le rapport existant entre le fourrage consommé et le fumier produit, d'après divers auteurs :

MEYER. 1 de foin donne 1,8 de fumier; 1 de paille, 2,7; 1 de foin et 3 de paille, litière comprise, doivent donner 2,5 de fumier pour 1 de matière sèche. . . . . 1—2,50

THAER réduit tout en foin et calcule que le fourrage et la litière réunis donnent. . . . . 1—2,30

KOPPE adopte le système de Thaër, mais, à cause des pertes, réduit son multiplicateur à 2. . . . . 1—2, »

THUNEN	opère de même et trouve pour multiplicateur 2,25.	1—2,25
WULFEN.	Multiplicateur moyen, 2,5. . . .	1—2,50
SCHWERTZ.	Mult^r pour le foin, 1,75 — pour la paille, 2, » } moyen	1—1,87
BLOCK.	Multiplicateur moyen, 2,3. . . .	1—2,30
DOMBASLE.	Multiplicateur moyen pour les bœufs à l'engrais et les vaches.	1—3,47
KREISSIG.	Multiplicateur moyen, 2,2. . . .	1—2,20

Ces chiffres donnent une moyenne de 2,35, c'est-à-dire que si l'on multiplie par ce nombre le poids des fourrages et paille donnés aux animaux, on connaitra celui du fumier qu'on en pourra obtenir.

La quantité et la qualité des fumiers dépendent beaucoup de la litière employée et des soins apportés dans la collection et la conservation des engrais. Le cultivateur bien avisé, après avoir songé à offrir à son bétail une couche sèche et chaude, devra chercher à faire le plus d'engrais possible. Dans ce but, il tiendra constamment sous les pieds des animaux de la paille de froment ou autre dont il pourra disposer, celle de sarrasin, de colza, de vesce, de lentille, etc.; les menues pailles devront également être employées.

Quand ces matières manqueront, il devra s'ingénier pour y suppléer. Il amassera des herbes sèches, des fougères, des bruyères, des feuilles d'arbres. Il pourra même, au besoin, utiliser le sable, la terre sèche. Ces substances absorberont les urines.

Les bêtes bien nourries, celles qui mangent beaucoup de vert ou prennent beaucoup de boissons, font plus de fumier et ont besoin de plus de litière que les autres.

Celles dont l'alimentation est très substantielle, qui consomment beaucoup de grains, de tourteaux, que l'on engraisse à l'étable sans en exiger ni travail ni lait, donnent le meilleur fumier.

Le sol et la litière doivent être disposés de telle sorte que les vaches reposent sur un plan horizontal. Une inclinaison prononcée d'avant en arrière les fatiguerait et pourrait être une cause d'avortement.

La litière doit être renouvelée tous les jours ; si l'étable est assez haute et saine, on peut n'enlever le fumier que toutes les deux ou trois semaines, ou même plus rarement.

On a généralement renoncé, et avec raison, à placer les animaux dans des espèces de fosses d'où le purin ne peut s'écouler et où le fumier s'accumule jusqu'à ce que le niveau de la fosse soit dépassé. Ce système exige l'emploi de beaucoup de litière ; il est incommode.

Chez les trois quarts des cultivateurs et vignerons de la France, il se perd beaucoup de fumier faute de soins, faute de précautions pour retenir le purin et le faire servir à l'imprégnation de la paille, pour soustraire le tas d'engrais à l'action décomposante du soleil, des eaux de la pluie, etc.

Ce sujet est trop important pour pouvoir être développé ici ; posons seulement les règles suivantes :

1° Quand on extrait le fumier de l'étable, le placer dans un endroit horizontal ou un peu creux au centre ; étendre uniformément en pressant un peu et donner au tas des bords droits.

2° Retenir le purin qui s'échappe du tas à l'aide d'une rigole conduisant dans un creux ou fosse située dans le point le plus bas, et avec ce purin arroser le fumier.

3° Mettre les fumiers sous un arbre ou un appentis à l'abri du soleil et des eaux.

4° Chaque fois que l'on prend dans le tas, descendre jusqu'au fond.

CHAPITRE IV.

De la multiplication et de l'élevage dans l'espèce bovine.

Les cultivateurs ne peuvent étudier avec trop de soin tout ce qui se rapporte à la multiplication et à l'élevage du bétail ; la quantité des produits, l'amélioration des races et souvent les bénéfices de l'exploitation en dépendent.

De la multiplication.

Elle comprend tout ce qui concerne la production des veaux, c'est-à-dire le choix et l'emploi des reproducteurs, le vélage et l'allaitement.

1° CHOIX DES REPRODUCTEURS.

Tout le monde sait que les enfants ressemblent à leurs parents. Cette ressemblance n'est pas parfaite : Dieu met dans toutes ses œuvres une admirable variété. Néanmoins on peut encore, sous les différences de physionomies et de caractères, saisir les traits communs qui distinguent les membres d'une même famille.

Ce que je dis de l'espèce humaine est également vrai pour les animaux. La ressemblance des produits avec ceux qui les ont engendrés est une loi de la nature qui s'étend à toutes les classes d'être assujettis à une véritable génération sexuelle; elle est une condition de la conservation des espèces. L'hérédité des formes, des aptitudes assure aussi le maintien des races créées par les influences du climat et de la domesticité.

L'influence des reproducteurs sur leurs descendants s'étend si loin parfois, que quelques uns des caractères du mâle peuvent se retrouver dans des individus à la procréation desquels il n'a pas concouru, si, antérieurement à cette procréation, il a été allié avec leur mère et l'a fécondée.

Mais il ne faut pas oublier que, dans la génération, les défauts se transmettent aussi sûrement que les qualités; de sorte que les enfants peuvent recevoir de leurs parents ce que ceux-ci ont de bon et de mauvais. Les semblables produisent les semblables, dit-on avec raison; la docilité, les aptitudes, l'éducabilité ne font pas exception.

Le cultivateur doit être bien pénétré de ces vérités; il aurait tort d'attribuer au hasard les résultats heureux ou regrettables obtenus dans la multiplication. Presque toujours ces résultats s'expliquent naturellement, et l'expérience a fourni presque tous les moyens de les prévoir.

Il n'est pas donc indifférent, pour avoir des produits convenables, d'employer à leur création des reproducleurs pris dans des conditions quelconques. La manière dont la multiplication est dirigée a la plus grande influence sur le nombre et la beauté des veaux. Que ceux-ci soient destinés à la boucherie ou à l'élevage, on a un intérêt direct à les faire naitre avec les meilleures dispositions; et la première condition à remplir est de bien choisir le taureau et la vache.

M. Magne dit que, dans le choix des reproducteurs, on ne saurait ajouter trop d'importance aux conditions fondamentales des aptitudes ; qu'il faut même au besoin savoir faire en partie le sacrifice des aptitudes particulières qui sont nécessaires dans les circonstances où l'on se trouve.

Cette opinion est très juste, à la condition toutefois que le sacrifice n'aura pour objet que de prévenir l'exagération nuisible de certaines qualités; autrement on se priverait des bénéfices d'une spécialisation bien comprise, et l'on amènerait les races à cet état de médiocrité que l'on retrouve dans la plupart des races mixtes, état qui est utile, qui est nécessaire même dans quelques circonstances, mais que l'on ne doit pas toujours se proposer d'atteindre.

Quelle que soit la destination des produits que l'on veut obtenir, les reproducteurs doivent avoir, avec tous les signes de la santé, les caractères nettement dessinés de la race à laquelle ils appartiennent, en tant que ces caractères ne se trouvent point en opposition formelle avec le but particulier que l'on poursuit.

Choix du taureau. De ce choix dépend en grande partie la prospérité d'une exploitation où la vache est l'élément de production essentiel et dominant. Les propriétaires ne sont pas généralement assez convaincus de cette vérité, et chaque jour ils sont victimes de leur négligence et de leurs mauvaises habitudes. Pour épargner une légère somme ou éviter un déplacement, ils mènent leurs vaches à des mâles trop jeunes, petits, de formes défectueuses, ou épuisés par des accouplements trop nombreux. Je ferai connaître tout à l'heure les conséquences funestes qu'entraîne cette manière d'agir, qui n'est nulle part plus commune que dans le département du Rhône. On peut aisément les constater, et tout le monde les déplore.

On devrait attacher une importance d'autant plus grande à avoir de bons taureaux, que chacun d'eux peut, en une année, produire 50 à 100 veaux qui participeront aux défauts et aux qualités de leur père, tandis que chaque vache ne fait, dans le même temps, qu'un seul veau.

Si la mère est comme le sol dans lequel les produits se développent, le mâle peut être regardé comme le type et le créateur de la race.

Un bon taureau doit présenter les caractères suivants : corps long, régulièrement arrondi, large en dessus, ouvert du poitrail et de l'arrière-main; garrot, dos et reins larges; échine bien soutenue; fesses grosses et descendues; poitrine grande, arrondie; flanc court; ventre arrondi, non tombant; peau douce, souple, mobile; tête plutôt légère que trop lourde; encolure médiocrement grosse; œil limpide, regard doux, ou du moins n'annonçant pas de la méchanceté; cornes de forme régulière et bien dirigées ; masses charnues bien développées ; squelette relativement léger. Le mufle et les pieds noir-franc accusent de la vigueur ; la couleur jaunâtre du pourtour du nez indique de la mollesse et de la disposition à l'engraissement.

A ces particularités il faut ajouter : des testicules (parties génitales) pendants, gros, allongés, nets et roulants ; un écusson régulier, bien visible ; enfin de la docilité.

Si le taureau est destiné à transmettre les caractères de sa race, il doit les avoir d'autant plus prononcés qu'elle est plus nouvelle.

La faculté procréatrice apparaît et se manifeste dans le *taurillon* vers l'âge de huit ou dix mois. A cette époque de sa vie il est encore trop jeune pour être utilement employé à la propagation de son espèce ; sa croissance n'est pas finie, ni son tempérament formé. Il ne jouit pas encore de toute la force, de toute la puissance nécessaire pour supporter les fatigues résultant de la monte, et pour communiquer à ses descendants des conditions suffisantes de développement et de durée.

Un jeune taureau, même bien venu, ne doit pas être employé avant l'âge de douze à quinze mois. Si, à ce moment, il présente d'ailleurs toutes les conditions d'énergie désirables, on peut en tirer un excellent parti pour la production des veaux de boucherie.

Les taureaux de quinze à vingt-quatre mois sont préférables, pour la production des vaches laitières et du bétail d'engraissement, à ceux de deux à quatre ans, qu'il faut réserver pour la procréation des animaux de travail.

Le taureau de vingt à trente-six mois est celui qui paraît mieux convenir pour propager, sans changement, les caractères d'une race fixe et déterminée.

Quand j'ai dit que les aptitudes fixées dans une race par leur constante reproduction étaient comme une sorte de capital que le cultivateur adroit sait découvrir et dont il cherche à faire son profit; qu'un reproducteur appartenant à cette race pouvait être comparé à une terre enrichie par une culture améliorante, produisant davantage et s'épuisant moins vite qu'une autre, sans exiger plus de travail et d'engrais, j'avais en vue le taureau surtout, qui exerce sur les qualités de ses produits une grande influence. On doit donc prendre en grande considération, dans la pratique, la race des taureaux que l'on emploie. On trouvera quelques considérations sur ce sujet dans le chapitre où je traiterai de l'amélioration.

J'ai déjà fait observer que le taureau influe beaucoup sur les qualités lactifères, et qu'il transmet aux vaches qui naissent de lui celles que possédait sa mère.

Dans le cas de spécialisation, il est indiqué d'employer, pour la production des animaux de travail, des taureaux remarquables par la force et le volume de leurs membres, la beauté de leurs aplombs, la puissance de la colonne vertébrale, la liberté et l'agilité dans les mouvements.

Pour produire des vaches laitières, on exigera plus de légèreté dans la tête, le cou, les membres, le train antérieur, un plus grand développement dans l'arrière-main, plus de finesse du squelette, de la peau, plus de mollesse dans le tempérament.

Choix de la vache. Le choix de la vache, pour la reproduction, a moins d'importance que celui du taureau; on aurait tort cependant de le négliger. Il y a toujours plus de probabilité que l'on obtiendra de bons produits quand on les aura demandés à une vache de bonne qualité. On doit se souvenir d'ailleurs que la vache commence par être nourrice et que l'allaitement influe beaucoup sur le développement du veau.

La vache dont on veut obtenir de bonnes vèles pour l'élevage devra donc présenter tous les caractères de l'excellente laitière, caractères indiquant à la fois l'abondance, la durée et les qualités du lait; il est inutile de les reproduire ici.

C'est vers le milieu de son existence, de cinq à dix ans, que la vache fournit la plus grande quantité de lait; c'est aussi durant cette période qu'elle produit les veaux les plus beaux et qu'il faut lui demander ceux qu'on veut élever.

Les génisses destinées à la reproduction n'ayant pas encore fait leurs preuves, on ne peut les choisir que d'après leurs apparences. On donnera la préférence à celles qui auront une tête fine, de petites cornes, une poitrine arrondie, des reins et une croupe larges, des fesses bien fournies, des membres délicats, une peau souple et lâche. Il est essentiel d'attacher une grande importance à l'écusson, qui doit être bien grand et bien pur.

2° EMPLOI DES REPRODUCTEURS.

Il naît un nombre à peu près égal de veaux mâles et de veaux femelles. On ne conserve entiers que les taurillons strictement nécessaires pour la propagation de l'espèce. Souvent même le nombre en est trop faible pour une production bien entendue; on peut le constater dans tous les endroits où l'élevage est négligé. Là, ce nombre, comparé à celui des vaches laitières, se trouve dans une disproportion très nuisible aux intérêts des cultivateurs. Je pourrais citer, dans le département du Rhône, des villages possédant deux ou trois cents vaches qui n'ont pas un seul taureau d'âge ou de qualité convenable.

Cette pénurie de l'un des éléments essentiels de la reproduction a des conséquences trop graves pour que je ne m'y arrête pas un moment. Elle oblige naturellement à demander aux mâles que l'on conserve un aussi grand nombre de saillies qu'ils peuvent en exécuter, à employer même parfois des moyens artificiels pour exciter leur ardeur éteinte par les excès. Dans de semblables conditions, les animaux s'épuisent, se fatiguent, font des efforts exagérés, et bientôt tombent dans un affaiblissement qui les rend impropres, au moins pour quelque temps, à remplir leurs fonctions. Ils peuvent même contracter des maladies graves des organes génitaux.

Ces résultats sont d'autant plus probables que les taureaux sont plus jeunes et moins bien entretenus.

L'abus des animaux reproducteurs entraîne des inconvénients plus graves encore que ceux que je viens d'indiquer ; ce sont : la procréation de veaux chétifs, se développant mal et manquant plus tard des aptitudes les plus utiles ; des avortements sans cause apparente ; des vélages avant terme ; une stérilité temporaire ou définitive des vaches, accidents qui se résument finalement dans la perte des veaux et du lait, et dans celle des vaches, s'ils se renouvellent.

Ces relations de cause à effet sont incontestables ; j'ai pu m'assurer que c'est dans les communes où les reproducteurs mâles sont relativement moins nombreux que l'on observe les plus grandes lacunes dans la production ; là, les vaches ne donnent en croît et en lait que la moitié peut-être de ce qu'elles devraient produire.

Un taureau jeune, bien entretenu, ne doit pas faire plus de deux ou trois saillies par jour. Cela est beaucoup au-dessous de ce que l'on exige de la plupart d'entre eux.

« Trente ou quarante vaches, écrit Olivier de Serres,
» est la droite charge d'un bon taureau, qu'à son aise
» il couvrira étant bien gouverné. A ce nombre, toute-
» fois, plusieurs ne s'arrestent, l'amplifiant jusques
» à cinquante ou soixante et plus outre. »

Si les saillies étaient également distribuées entre tous les jours de l'année, un taureau pourrait suffire pour deux cents vaches au moins. Mais quand on veut faire naitre les veaux à une époque déterminée, pour la boucherie ou pour l'élevage ; quand on veut avoir à un certain moment des bêtes fraiches au lait ou prêtes à travailler, les accouplements ont tous lieu dans la même saison, et c'est alors que les reproducteurs mâles s'épuisent, si les propriétaires ne les ménagent pas.

Persister à faire saillir un taureau maigre et épuisé, qui *rebute ;* user de moyens artificiels pour l'exciter, c'est à la fois le sacrifier et tromper les détenteurs des vaches.

On a vu des taureaux manifester des répugnances invincibles pour certaines vaches ; la raison en est inconnue, mais le fait existe, et les propriétaires de bétail ne doivent pas l'ignorer.

Les saillies faites en liberté, dans un pâturage ou dans un enclos, sont les plus sûres. C'est un moyen à essayer quand les autres n'ont pas réussi, sauf, s'il s'agit de taureaux jeunes et ardents, à les empêcher de s'épuiser.

Le temps pendant lequel les reproducteurs mâles peuvent être utilement employés est toujours assez limité. A l'âge de trois ou quatre ans, ces animaux deviennent presque tous méchants, dangereux, surtout s'ils ont constamment vécu à l'étable et n'ont pas travaillé, ou bien ils deviennent lourds et froids, et leur état de graisse, en se prononçant, nuit à leurs facultés procréatrices ; il est alors de l'intérêt du propriétaire de les réformer. Ceux que l'on garde trop longtemps, comme ceux que l'on épuise, font toujours de mauvais bœufs pour le travail et pour la boucherie. On n'utilise guère au-delà de quatre ans, pour le service de la monte, que les taureaux de prix, destinés à des croisements, à des améliorations.

On ne doit point être surpris de voir si peu de cultivateurs entretenir des taureaux de quelque valeur, ou les ménager quand ils en ont. Pourquoi feraient-ils des sacrifices? Les saillies sont si mal rétribuées qu'ils se constitueraient en perte s'ils achetaient des sujets chers ou ne les épuisaient pas (1).

La génisse jouit de bonne heure de la faculté de se reproduire. Si elle est bien nourrie et assez forte , ses premières chaleurs se manifestent à quinze mois, à douze mois et même plus tôt. Il n'est pas temps encore de la livrer au taureau ; autrement on s'exposerait à entraver sa croissance. On ne doit pas non plus tomber dans l'excès opposé et trop attendre : on s'exposerait, si les vœux de la nature n'étaient point satisfaits , à rendre les bêtes difficiles à féconder, *taurelières* peut-être , ou à provoquer un engraissement hâtif, nuisible à la conception. Au reste, ce n'est pas en retardant l'accouplement que l'on hâtera le développement des animaux, c'est en les nourrissant bien.

Si on faisait féconder une génisse de quinze à dix-huit mois, il serait prudent, pour ne pas l'épuiser prématurément, de ne la faire traire que pendant peu de temps après son premier vélage.

A dater de ce moment, la vache peut produire un veau chaque année jusqu'à la vieillesse.

---

(1) Il y aurait, à cet égard, des réformes à opérer. Ainsi, dans le département du Rhône, on paie en moyenne 50 centimes pour une ou deux saillies. De bonne foi, les propriétaires de vaches ont-ils le droit de se plaindre ?

Huzard et Chabert disent que les bêtes que l'on ne fait couvrir que tous les deux ans font des veaux plus fortement constitués; ce fait, fût-il hors de toute contestation, ne devrait pas être pris pour règle.

Une vache de qualité ordinaire, entre les mains d'un cultivateur, ne doit guère rester vide au-delà du temps nécessaire à l'allaitement du veau. A mesure que le temps s'écoule, le lait diminue et descend naturellement à un minimum qui ne couvre plus les frais d'entretien. La reproduction est nécessaire pour ramener dans les mamelles l'activité secrétoire, entretenir la faculté procréatrice et empêcher l'engraissement.

En général, on conduit la vache au taureau six semaines ou deux mois après le part. C'est trop tôt pour les bêtes excellentes qui gardent longtemps leur lait, et lorsque la production d'un veau est plutôt une nécessité de la situation qu'une chose utile.

Tout le monde connaît les signes des chaleurs dans la vache. Cet état dure ordinairement un jour ou deux, puis disparaît pour revenir après un intervalle de trois ou quatre semaines. Cette courte durée des chaleurs sert à expliquer pourquoi tant de vaches restent infécondes quand les reproducteurs mâles sont peu nombreux. Les chaleurs reviennent plus souvent chez les bêtes dont la poitrine est faible et menacée de pommelière.

Il peut arriver que les chaleurs soient assez faibles pour passer inaperçues ou qu'elles ne reparaissent que vers l'époque où aurait dû avoir lieu l'accouchement; cette circonstance est très fâcheuse, parce qu'elle laisse dans l'incertitude sur l'état de plénitude des femelles.

Le voisinage du taureau, sa présence rappellent l'orgasme vénérien affaibli ou disparu chez la bête vide. Une nourriture substantielle, un peu échauffante, assure ce résultat.

Les vaches qui entrent souvent en chaleur et ne retiennent pas sont dites *taurelières*. Elles sont généralement maigres, vives, chatouilleuses, agitées, donnent peu de lait et un lait médiocre.

C'est à la fin d'une période de chaleurs que la fécondation est plus probable. On recommande, pour l'assurer, de faire opérer plusieurs saillies consécutives, de saigner les vaches après l'accouplement, de leur faire avaler de l'eau-de-vie, d'exciser la *verrue*.

Les saillies répétées peuvent être bonnes. La saignée ne me paraît devoir être utile que pour les vaches jeunes, ardentes, vigoureuses. Quant à la dernière opération, si on y voit autre chose qu'une saignée locale, j'avoue que je ne crois pas beaucoup à son efficacité.

L'alliance d'un mâle volumineux et lourd avec des vaches petites a été blâmée. Elle n'a certainement pas tous les dangers qui lui ont été attribués relativement à la parturition. Toutefois cette alliance peut occasionner des accidents sérieux au moment de la saillie, si l'on ne prend aucune précaution. Une femelle faible peut être écrasée par un taureau âgé et lourd. Souvent on a pu constater qu'une vache petite ou jeune craint instinctivement un mâle beaucoup plus gros qu'elle.

Sans chercher à réaliser un appareillement exact,

il faut éviter autant que possible les accouplements disproportionnés ; si les circonstances obligeaient à y recourir, on devrait les rendre plus faciles en plaçant le taureau dans un endroit plus haut ou plus bas, selon qu'il serait plus petit ou plus grand que la vache.

On dit vulgairement que les veaux destinés à l'élevage doivent avoir deux étés pour un hiver, et ce vieil adage est excellent. Il est donc à propos, dans ce but, de fixer l'époque des saillies de telle sorte que les produits naissent au printemps. Après le sevrage, ils trouveront pour se nourrir des aliments verts, d'une digestion facile et appropriés à leurs besoins; ils seront déjà forts quand viendra la mauvaise saison, pendant laquelle ils auront à souffrir plus ou moins du séjour prolongé dans les étables, des intempéries ou d'un défaut de nourriture convenable.

Quand les vaches sont exploitées exclusivement pour le lait, il est de précepte de chercher à les avoir fraîches : 1° pour le moment où le lait est le plus cher ; 2° pour la saison où l'on peut disposer des aliments les plus favorables à la production lactée. Dans les deux cas, il y a économie à nourrir abondamment.

Si les vaches travaillent, les accouplements doivent être dirigés de telle sorte qu'elles soient libres, c'est-à-dire qu'elles aient mis bas et allaité à l'époque où les travaux vont recommencer. On ne réussit pas toujours, tant s'en faut, à obtenir la fécondation en temps oportun; beaucoup de vaches, dans les contrées vinicoles surtout, restent infécondes par la faute des reproducteurs mâles ; c'est une raison de plus pour ne négliger aucun moyen d'augmenter le nombre et la valeur de ceux-ci.

Il y a indication de faire vêler les génisses ou jeunes vaches au printemps ; l'usage de la nourriture verte sera favorable au développement de leurs facultés laitières.

Régime des reproducteurs. Le taureau renfermé dans l'étable pendant la saison de la monte doit recevoir une nourriture substantielle, plutôt sèche que verte. Sa ration se composera de bon foin , auquel on ajoutera de l'avoine, et, chaque jour, 60 à 80 grammes (2 à 3 onces) de sel de cuisine. On ne lui donnera du vert, même dans l'été , qu'autant que l'on aura quelques raisons de croire qu'il est échauffé par un régime trop excitant et qu'il a besoin d'être calmé.

En général, les taureaux ne travaillent pas, et ils ne tardent pas à devenir méchants. Cela n'arriverait point si, de bonne heure, on les employait à de légers charrois. En les attelant seuls , au collier, comme on le voit fréquemment dans l'est de la France, ou avec des bœufs déjà rompus au service, ils se plieraient à l'obéissance et resteraient dociles. L'anneau nasal ne serait même pas toujours nécessaire pour les diriger ou les contenir ; un travail modéré ne nuirait point à leur fécondité. Ces réflexions s'appliquent surtout aux animaux dont l'emploi comme reproducteurs n'est pas journalier. Pour ceux-ci, ils pourront rester à l'étable pendant la saison de la monte.

La vache que l'on veut livrer à la reproduction doit être dans un état moyen d'embonpoint, ni maigre.

ni grasse. Si elle était épuisée par le travail, si elle avait souffert, il faudrait la rétablir. L'épuisement des forces et l'excès d'embonpoint nuisent également à la fécondité. Il peut être utile de diminuer le régime d'une bête trop grasse ou même de la saigner au moment de l'accouplement pour diminuer l'éréthisme des organes.

Après la saillie, les animaux doivent être tenus en repos. La vache surtout a besoin de tranquillité, ou du moins d'être soustraite à toutes causes d'excitation. Un travail modéré après l'accouplement serait peut-être une bonne condition.

On pourra donner au taureau un peu de foin ou quelques jointées de grains.

3° DE LA REPRODUCTION DES SEXES.

Toutes les personnes qui se sont occupées de zootechnie connaissent la conclusion que Girou de Buzareingues a tirée de ses belles recherches sur la multiplication des moutons. D'après lui, le sexe de l'agneau est ordinairement celui du producteur le plus vigoureux ayant concouru à sa naissance.

Cette loi a été récemment vérifiée à Gaillac-Toulza, dans une bergerie composée d'animaux Dishley-Mauchamp-mérinos. M. Martegoute a constaté que les agneaux procréés au moment où les béliers jouissent encore de toute leur ardeur sont généralement des mâles, tandis que le contraire a lieu quand les mêmes béliers, déjà épuisés, ont à servir beaucoup de brebis en chaleur.

Le département du Rhône, où, sur dix-neuf cantons ruraux, quinze au moins n'ont pas le nombre de taureaux nécessaire à une bonne production, et où l'on élève très peu; le marché de Lyon, où il vient un très grand nombre de veaux, m'ont fourni le moyen de constater quelque chose d'analogue. Sans doute, les observations indispensables pour arriver à une démonstration certaine du fait exigeraient plus de rigueur et de suite que je n'ai pu en donner aux miennes; je crois cependant qu'elles confirmeraient ma proposition, que la loi énoncée par Girou de Burzareingues peut être étendue à ceux des animaux de l'espèce bovine qui ne vivent point habituellement en troupeau dans les pâturages.

4° DE LA STÉRILITÉ.

L'infécondité et la stérilité des vaches sont toujours des accidents fâcheux, mais particulièrement quand on produit pour l'élevage ou que l'on spécule sur le lait. Indépendamment de la perte matérielle immédiate qui en résulte, le cultivateur se trouve dans l'obligation de changer son bétail, de perdre sur le prix de vente, et il est exposé à faire de mauvais choix. En outre, et quoi qu'on fasse, la vache achetée diminue toujours de lait pendant quelque temps.

Les causes d'infécondité précédemment signalées dépendent du taureau; d'autres sont particulières aux vaches et peuvent entraîner une stérilité temporaire ou définitive.

Il n'est pas rare de rencontrer des vaches ayant

toutes les apparences de la santé, qui ne conçoivent pas; elles sont *stériles* et n'éprouvent pas de chaleurs.

Les vaches jeunes, fortement constituées, qui, dans leur attitude, leur conformation, ont quelque chose du taureau, sont souvent très difficiles à féconder. Celles dont l'embonpoint est très prononcé au moment de l'accouplement se trouvent dans le même cas; un régime doux, moins substantiel, une saignée, seraient favorables à la conception.

Les bêtes très maigres, fatiguées par un travail journalier ou atteintes de maladies de poitrine; celles qui ont avorté une ou plusieurs fois; celles qui ont eu des renversements de la matrice à la suite d'un part laborieux, conçoivent aussi difficilement.

La vache que l'on ne présente au taureau que longtemps après l'accouchement, celle dont les désirs ont été souvent trompés, peuvent perdre l'aptitude à la reproduction.

Le propriétaire doit savoir également qu'une vache peut être saillie plusieurs fois sans résultat par un taureau de même race qu'elle, tandis qu'un mâle de race différente l'eût peut-être fécondée la première fois.

La stérilité est due parfois à une maladie chronique des ovaires, à une irritation ancienne, permanente de la matrice. Elle peut être aussi la conséquence d'une disposition anatomique particulière; on a trouvé sur des vaches d'ailleurs bien portantes le col de la matrice fermé ou tordu; il y avait dès lors obstacle physique à la fécondation.

Lorsque l'occlusion du col est accidentelle et s'est

produite après un accouchement difficile, le vétérinaire peut, à l'aide de manipulations adroites, opérées pendant une période de chaleurs, la détruire et rendre la fécondité à la vache. Celle-ci doit être présentée au mâle immédiatement après l'opération.

La stérilité est encore assez fréquemment le résultat d'une difformité congéniale de la vache, consistant en un développement incomplet des organes sexuels. La femelle qui en est atteinte prend les noms de *taur*, *bouquetin, hermaphrodite ;* en anglais, *Free-Martin.* Dans sa jeunesse, elle a tout à fait l'aspect d'un jeune bœuf.

On a remarqué que, dans les portées doubles de sexes différents, les produits sont très souvent stériles par difformité.

L'état de stérilité momentanée ou définitive n'exclut pas absolument le retour des chaleurs. On dit, dans ce cas, que les vaches sont *taurelières,* qu'elles *recourent,* etc. Il faut les engraisser, les faire châtrer ou les vendre enfin au plus tôt, à tout prix ; on ne peut même les conserver comme bêtes de travail.

5° DE LA GESTATION.

La gestation est l'état de plénitude d'une femelle qui a été fécondée. Les signes qui l'annoncent positivement chez la vache n'apparaissent pas de suite après la conception ; la cessation des chaleurs, le refus de recevoir le mâle, la diminution du lait vers la fin du premier mois, sont les premiers et longtemps les seuls que l'on puisse constater, encore n'existent-ils pas toujours.

Plus tard, le lait se tarit, il devient filant ; une disposition à prendre la graisse se manifeste ; le ventre grossit ; la marche devient plus lente et plus pénible. Dès le cinquième ou sixième mois, en appliquant la main sur la partie inférieure du flanc droit, en pressant, on peut sentir distinctement les mouvements du fœtus.

L'état de gestation est généralement plus facile à reconnaître chez la génisse ou chez la vache qui porte un premier veau. Trois ou quatre mois après l'époque de la conception, les mamelles commencent à se gonfler, le liquide séreux qu'elles contenaient devient plus abondant et plus visqueux, et sa consistance s'accroît à mesure que l'on s'approche du moment de la mise bas. Le développement du ventre est aussi plus facile à constater.

La vache pleine de cinq à sept mois peut encore exécuter ses travaux habituels ; elle réclame toutefois un peu plus de ménagements. On la charge moins et on presse moins son pas. Quand le ventre est devenu volumineux, il est prudent de faire cesser tout travail, ou du moins il faut prendre les précautions propres à éviter les chocs, les efforts violents qui pourraient déterminer l'avortement. C'est alors aussi que l'on écartera avec soin toutes les causes d'indigestion, de météorisation (gonflement). Les herbes couvertes de rosée, de gelée blanche, les eaux froides sont dangereuses pour les vaches pleines.

Quand une bête pleine perd définitivement son lait, on peut diminuer sa ration, si l'on craint qu'elle s'engraisse trop, sauf à l'augmenter quelque temps avant le part. Car, s'il ne faut pas qu'une bête soit trop grasse au moment de l'accouchement, il y aurait danger à ne pas fournir largement aux besoins du produit,

La durée moyenne de la gestation est d'un peu plus de neuf mois, environ 280 jours.

D'après Spencer,   284 à 285 jours.
D'après Delabère-Blaine et Tessier,   280 —
D'après Boumann,   278 1/2

Les veaux mâles viennent un peu plus tard que les femelles. Les vieilles vaches portent aussi quelques jours de plus que les jeunes.

Les meilleures laitières ne cessent point de donner du lait dans l'intervalle de deux vêlages ; on cesse pourtant de les traire quinze à vingt jours avant la mise bas ; le dernier lait n'est plus bon. Les mauvaises laitières perdent leur lait très vite après le sevrage, et quand elles travaillent, on ne les trait même pas. Entre ces deux cas extrêmes se trouvent comprises toutes les vaches médiocres, assez bonnes, bonnes, qui gardent leur lait de trois à sept mois.

On reconnaît que le part est prochain aux signes suivants : le ventre se porte en avant, s'élargit et *s'avale;* les flancs et les reins se creusent ; les hanches et la base de la queue se relèvent ; les membres de derrière sont écartés en marchant ; la bête est lourde et semble éprouver de la difficulté à se déplacer ; les organes sexuels se gonflent et laissent écouler un liquide filant appelé *mouillures* ou *amouillures.*

Quand ces indices sont bien visibles, il est très à présumer que le vêlage ne se fera pas attendre. Il est temps alors de mettre la bête à part, de la surveiller, et si elle se trouve au pâturage, de la ramener à l'étable afin de pouvoir lui donner des soins convenables. On la laissera en repos, sur une bonne litière, où elle recevra une nourriture fraîche et de facile digestion. Enfin, si le pis est douloureux et gonflé, on tirera du lait avec précaution, ou bien l'on fera des lotions avec du lait chaud.

Le veau naît viable vers le huitième mois, mais, à cet âge, il a besoin de beaucoup de soins. Dans ce cas, l'accouchement est dit *prématuré*. Il y a *avortement* quand le fœtus vient au monde avant de réunir les conditions de la viabilité.

6° DU VÉLAGE.

On désigne ainsi l'accouchement chez la vache. Il est aussi appelé *parturition, part, mise bas*.

Quand le vélage s'effectue dans de bonnes conditions, quelques instants suffisent; la vache ne paraît pas éprouver beaucoup de souffrances, et son instinct la pousse à faire tout ce qui peut être utile, à éviter tout ce qui serait nuisible. Dans ces circonstances, le concours actif et direct de l'homme n'est pas nécessaire; le propriétaire doit se borner à examiner et à attendre.

La vache qui va mettre bas paraît agitée, inquiète, et perd l'appétit. Si elle est libre, elle se place dans un endroit écarté et tranquille, pour se préparer à l'acte physiologique qu'elle va accomplir. Elle reste debout, regardant son flanc de temps à autre, avec une certaine anxiété, ou bien elle se couche et se relève alternativement. Parfois elle fait entendre des plaintes étouffées, puis elle se campe comme pour uriner et se livre à des efforts expulsifs.

Si, dans ce moment, on entr'ouvre les organes sexuels, on aperçoit presque toujours un corps élastique, arrondi, du volume du poing ou plus : c'est la *poche des eaux*, formée par une portion des enveloppes ou *délivre*, remplie de liquide et contenant peut-être quelque partie du veau.

Ce sont ordinairement les membres antérieurs, sur lesquels la tête est étendue, qui se montrent les premiers. Cette position est la meilleure; les organes ainsi placés font une sorte de coin qui dilate peu à peu l'ouverture et fraie le passage aux régions plus volumineuses de la poitrine et des hanches.

Lorsque la vache est bien portante et forte, elle accouche ordinairement debout. Après une série d'efforts expulsifs, le veau sort peu à peu, et il finit par tomber doucement à terre, entouré du délivre, en glissant sur les jarrets à moitié fléchis de la mère.

Si les enveloppes ne s'étaient pas rompues auparavant, elles s'ouvrent alors. Par ses mouvements, le veau se dégage, et les communications qui existaient entre lui et sa mère étant détruites, il commence à respirer.

Quand les choses se passent comme je viens de le dire, sans obstacle, sans complication, le propriétaire peut rester simple spectateur du vêlage, jusqu'à ce que le veau soit complètement expulsé. Alors il le débarrasse des enveloppes, coupe le cordon à trois ou quatre pouces du ventre, s'il n'est pas rompu, et le lie ou le tord. Le veau, tout mouillé, est présenté à sa mère, qui le lèche, pour le sécher. On peut l'exciter à cet acte, si elle n'y est pas portée naturellement, en jetant sur le petit sujet un peu de sel de cuisine ou de farine.

La vache qui lèche son veau doit être attentivement surveillée. On en a vu se livrer à cet acte avec tant d'ardeur qu'elles allaient jusqu'à ronger en quelque sorte la queue et les oreilles et occasionner des hémorrhagies en arrachant avec leurs dents l'extrémité du cordon ombilical. Alors même qu'il n'y a pas d'hémorrhagie, l'ombilic peut rester engorgé, suppurant; on dit alors dans quelques localités que le veau est *chevillé*. L'amaigrissement, la mort même sont les conséquences de cette maladie accidentelle.

Le veau étant ressuyé, on l'aide dans ses tentatives pour se lever, et on le conduit vers les mamelles, dont on lui fait prendre l'un des trayons. Dès cet instant, s'il est régulièrement développé, il peut se suffire : son instinct et la faim le porteront à aller chercher seul le lait qui doit constituer sa première nourriture.

La vache qui a accouché, même très heureusement, ressent de la fatigue ; elle est plus sensible aux causes de maladie. Il faut la laisser en repos dans une demi-obscurité, sur une bonne litière, à l'abri de toute contrainte, de tout dérangement, des courants d'air et de toute cause de refroidissement.

Au bout d'une heure, on pourra lui donner de l'eau tiède, blanchie avec de la farine, quelques tranches de pain saupoudrées de sel, ou encore quelques poignées de froment, de seigle, des betteraves ou des carottes cuites, et un peu de bon fourrage sec, si l'on en a.

Beaucoup de cultivateurs donnent ces aliments immédiatement après le vélage ; je crois qu'il est plus sage d'attendre un peu.

On s'abstiendra rigoureusement de donner des boissons froides.

L'accouchement ne s'effectue pas toujours sans difficulté. La vache affaiblie par un mauvais régime ou par une maladie se couche presque toujours pour véler ; ses efforts plus faibles et moins fréquents sont moins rapidement suivis de résultat. La mise bas peut se prolonger ou se faire attendre longtemps ; il arrive même que le veau reste engagé dans le passage et ne sorte pas. quoique bien placé. Il faut, dans ce cas, exercer sur lui quelques tractions modérées, pour aider la mère et terminer l'opération ; ces tractions doivent toujours coïncider avec les efforts expulsifs exécutés par celle-ci.

On agirait encore de même, si le veau présentait les membres postérieurs et si la queue ou les hanches mettaient obstacle à sa sortie. Cette position n'est pas absolument contre nature, mais elle est moins bonne et moins favorable que la première.

La vache que de longs efforts ou toute autre cause ont épuisée a besoin d'être fortifiée et soutenue pendant le travail de la parturition. Du pain couvert de sel ou trempé dans du vin, quelques jointées de froment peuvent être utiles pour ramener ses forces. On ne donnera ces substances qu'avec ménagement ; il faut bien se garder de prendre pour une faiblesse réelle l'abattement qui succède à une surexcitation trop vive; l'erreur pourrait être funeste.

Le propriétaire s'abstiendra d'administrer des drogues échauffantes, l'homme de l'art devant être seul juge de l'opportunité de leur emploi et des doses qu'il convient de donner. Des accidents graves ont été souvent la conséquence de l'abus qu'on en a fait. Les moyens mécaniques habilement employés sont moins dangereux.

Si, malgré l'existence des signes annonçant le travail de l'accouchement, malgré des efforts réitérés de la part de la vache, aucune partie du fœtus ne se présente, ou bien si un membre ou la tête se montre seul, si enfin le veau n'est pas dans l'une des deux positions que j'ai indiquées tout à l'heure, il y a *parturition laborieuse*, ou *part contre nature*. Le cultivateur doit s'empresser alors, s'il ne se sent pas réellement capable de remédier à l'accident dont il s'agit, de réclamer le secours du vétérinaire. En attendant l'arrivée de celui-ci, il se bornera à surveiller la vache et ne lui donnera aucun aliment ni boisson; il s'abstiendra de toute manœuvre intempestive et de provoquer des efforts expulsifs inutiles. Il s'abstiendra surtout de ces manœuvres, si quelque chose lui fait soupçonner que le produit est monstrueux ou, en raison de sa position, ne peut être extrait que par une main exercée.

Enfin dans aucun cas il n'emploiera ni ne permettra l'emploi, hors de la présence du vétérinaire, de moyens mécaniques de traction dont l'action, difficile à mesurer ou à limiter, peut être suivie de désordres graves.

L'intervention directe d'une personne prudente peut être utile cependant et sans danger, dans le cas de part laborieux, lorsque, par exemple, la mise bas ne se fait point parce que le col de la matrice reste contracté et ne s'ouvre pas; ceci s'observe surtout chez les vaches jeunes, grasses, vigoureuses, ou qui accouchent pour la première fois. Mais elle doit se borner à pratiquer une ou deux petites saignées, à faire des injections émollientes douces, à l'aide d'une seringue, dans les organes sexuels, à chercher à dilater peu à peu, avec précaution, à l'aide de la main bien huilée, le col de la matrice, ou à élargir l'ouverture, si les membres et la tête ne peuvent s'y engager.

La même personne, agissant avec toute l'attention convenable, pourra aussi ramener la tête, redresser un membre, s'ils sont restés en arrière. Mais, dans tous les cas de part laborieux ou de mauvaise position du fœtus, le propriétaire fera bien de ne s'en rapporter qu'à l'homme ayant fait des études spéciales sur le sujet. « Un vétérinaire instruit, dit M. F. Villeroy, tourne » un veau qui se présente mal et le place convena- » blement; il peut même découper et extraire par » morceaux, sans blesser la mère, un veau dont la » sortie serait autrement impossible, tandis que bien » des vaches périssent entre les mains de gens igno- » rants, qui ne connaissent que l'emploi de la force » brutale. »

Les échauffants, les emménagogues ou utérins dont les guérisseurs font un si fréquent abus, ne doivent être employés que lorsque le retard apporté à la sortie du veau est dû à la faiblesse de la mère, au défaut de contraction de la matrice. Dans ce cas encore, la main habilement dirigée, si surtout le veau n'est pas engagé dans le passage, est un meilleur auxiliaire que toutes ces drogues.

J'insiste pour que le propriétaire ne confonde pas, dans la vache qui accouche, la faiblesse résultant de l'épuisement des forces avec. celle qui résulte de leur oppression. Dans le premier cas, les organes sont froids, pâles, relâchés; le pouls est petit et faible, la respiration lente. Dans le second, l'air expiré est chaud, l'œil rouge, le mufle sec, la bouche chaude et sèche, la soif vive; les mouvements du flanc sont accélérés, le pouls dur et vite.

Le veau meurt parfois dans l'utérus et y séjourne plusieurs mois, une année même au-delà du terme fixé pour l'accouchement. S'il est gros, la parturition est ordinairement difficile et exige l'intervention du vétérinaire. On devra recourir aussi à l'homme de l'art, si le veau, après sa mort, au lieu de s'être en quelque sorte encroûté dans l'utérus, se putréfie et sort en morceaux.

Délivrance. La mise bas n'est complète qu'après l'expulsion totale des enveloppes membraneuses qui contenaient le produit. Ce second temps de la parturition constitue la *délivrance.*

Les enveloppes, que l'on appelle encore *arrière-faix,*

sortent quelquefois de la matrice en même temps que le veau, entrainées par celui-ci. Le plus souvent elles s'ouvrent au début ou pendant la durée de l'accouchement; le liquide s'écoule, et elles restent attachées encore par plusieurs points à la face interne de la matrice; une partie seulement pend au-dehors.

En général, elles se détachent sans secours étranger dans l'intervalle de quelques heures. Il n'en est pas toujours ainsi néanmoins, principalement quand le part a eu lieu un peu avant le terme normal.

Si la température des lieux où les animaux sont renfermés n'est pas trop élevée, on peut attendre sans crainte vingt-quatre à trente-six heures que le délivre se détache et tombe de lui-même. Si auparavant l'on exerçait sur lui des tractions trop fortes, on pourrait occasionner une hémorrhagie ou provoquer des efforts expulsifs qui amèneraient peut-être le renversement de la matrice. Les rapports de cet organe avec le placenta ne consistent pas en une sorte de juxtaposition comme dans la jument, il y a de véritables emboîtements.

Si la délivrance se faisait trop attendre, on la provoquerait en exerçant des tiraillements légers, lents, gradués, sur la partie des enveloppes que l'on peut saisir. On a proposé de suspendre à celles-ci un poids de 400 à 500 grammes; cette pratique n'est pas sans danger. Il vaut mieux attacher au délivre une petite corde qui servira de conducteur pour la main, si on est obligé d'en venir à la délivrance artificielle.

J'engage fortement les propriétaires à appeler l'homme de l'art, si la délivrance n'est pas entièrement effectuée après trente-six ou quarante-huit heures. Il est à craindre sans cela qu'une portion de l'arrière-faix reste dans la matrice, s'y décompose et entraine une maladie mortelle. On voit souvent aussi des vaches qui n'étaient pas complètement *netloyées* rester maladives, maigres, perdre leur lait et devenir difficiles à féconder ensuite.

On dit que les vaches qui mangent leur délivre tarissent bientôt ou restent infécondes; c'est une erreur. On n'en doit pas moins veiller à ce qu'elles ne puissent pas saisir ces matières.

Les propriétaires devront aussi appeler le vétérinaire aussitôt qu'il se produira une *descente* ou renversement de la matrice, après le part.

Lorsque l'accouchement s'est fait régulièrement, sans difficultés extraordinaires, le rétablissement des animaux est rapide. La fièvre assez légère dure quelques jours et tombe ensuite. La vache sera mise à l'eau blanche et tiède, et, pendant quatre à cinq jours, on ne lui donnera que la moitié de sa ration accoutumée, en aliments de facile digestion, cuits, de préférence, et en petite quantité à la fois. Une nourriture trop abondante pourrait déterminer des indigestions ou produire des inflammations mortelles de la matrice ou du péritoine, si la parturition avait été difficile.

A partir du septième ou huitième jour, si aucune complication n'est survenue, la bête sera remise à son régime ordinaire, et elle pourra sortir, pourvu que la température ne fasse craindre aucun danger. En attendant, elle restera à l'étable, sur une bonne litière et à l'abri des courants d'air et des refroidissements.

On évitera de lui donner des boissons froides, et, pendant douze ou quinze jours, il sera bon de les lui faire tiédir et blanchir.

Avortement. On désigne ainsi le vélage qui a lieu accidentellement avant le terme fixé par la nature, avant que le fœtus ne soit apte à vivre.

Cet accident, toujours grave au point de vue économique, est assez fréquent dans l'espèce bovine ; il est dû à des causes externes ou internes.

Les coups, les pressions exercées sur le ventre de la vache pleine, les efforts violents, les courses forcées, les chocs produits par le timon du char, les chutes, le gonflement de la panse, sont les causes externes les plus fréquentes de l'avortement. Le séjour prolongé à l'étable sur un plan incliné d'avant en arrière, l'usage des auges et des râteliers trop élevés, les glissades, lorsque les animaux se relèvent sur un pavé mouillé ou descendent un terrain à pente raide, doivent être rangés dans cette catégorie.

Les causes intérieures résident dans des dispositions physiologiques qu'il n'est pas toujours facile de découvrir et de spécifier.

Tout ce qui tend à affaiblir les animaux : une nourriture insuffisante ou de mauvaise qualité, une saignée trop abondante, une maladie grave, sont des causes internes d'avortement. Un état trop prononcé d'embonpoint, un sang trop abondant et trop riche, qui déterminent la pléthore et la congestion des vaisseaux de la matrice, peuvent faire avorter.

Cet accident survient presque inévitablement dans

le cours de quelques affections graves, à marche lente, telles que la péripneumonie contagieuse. Je l'ai vu arriver plusieurs fois pendant la maladie aphtheuse, mais à la suite de la météorisation.

Quelquefois l'avortement a lieu sans cause connue, vers le sixième ou septième mois, les animaux présentant toutes les apparences d'une bonne santé. Le veau ne porte aucune trace de maladie ni de violence; rien n'a pu faire prévoir l'événement, ou c'est à peine si, quelques heures avant, la vache a montré de l'inquiétude, de l'agitation.

Les suites de cet avortement sont presque toujours graves; les femelles maigrissent vite, cessent de fournir du lait et tombent dans une espèce de marasme d'où il est difficile de les retirer.

J'ai eu plusieurs fois l'occasion d'observer des faits de ce genre. Ils ne se produisent guère isolément; en général, toutes les vaches d'une même étable avortent, et cela peut durer plusieurs années consécutives.

Tout naturellement, j'ai dû chercher la cause de ces accidents pathologiques dans des vices d'hygiène dépendant d'une mauvaise stabulation, d'une nourriture altérée, de boissons malsaines ou trop froides, et mes prévisions à cet égard sont généralement restées à l'état de conjectures.

La substitution d'un régime doux à une nourriture trop substantielle, de petites saignées de quinze en quinze jours, à dater du sixième mois de la gestation, m'ont réussi; mais les bêtes auxquelles j'avais affaire étaient grasses; si elles eussent été en mauvais état, il aurait fallu, je crois, agir autrement et adopter un traitement tout opposé.

L'avortement spontané, sans cause directement appréciable, peut être le résultat de l'emploi de taureaux épuisés par des saillies nombreuses. Les recherches que j'ai faites dans le département du Rhône ne me laissent pas de doute à cet égard.

Je ne crois pas devoir combattre l'erreur qui attribue à la contagion les avortements qui se répètent dans une même étable.

Lorsqu'une vache a avorté ou *jeté son veau*, on doit la mettre à une demi-diète, lui donner pour toute boisson de l'eau blanche tiède, lui faire prendre des breuvages émollients, de mauve, de graine de lin, en grande quantité, la placer dans un endroit écarté, tranquille, à l'abri du froid, la couvrir, lui mettre sur les reins un sac rempli de balles d'avoine, et lui administrer deux ou trois lavements émollients par jour.

Si elle a la fièvre, n'a pas d'appétit, ne rumine pas, se couche et se relève alternativement, a les yeux enfoncés, le ventre gonflé, éprouve des coliques, se campe fréquemment comme pour uriner, le propriétaire doit se hâter d'appeler l'homme de l'art ; selon toute probabilité, les moyens ordinaires ne suffiraient pas pour prévenir de fâcheuses complications. En attendant, il faut insister sur ceux qui précèdent.

L'avortement, quelle qu'en soit la cause, est toujours un accident grave. Il entraîne la perte du veau, et, à supposer même que la santé de la vache ne s'en ressente pas, la sécrétion du lait ne se rétablit qu'imparfaitement.

Mais souvent l'avenir de la vache est compromis ; elle maigrit peu à peu ; ses mamelles se flétrissent, son flanc se creuse ; elle languit sans force, sans appétit, sans énergie, et finit par tomber dans le marasme et mourir.

Si les choses ne vont pas jusque là et que la vache se rétablisse à peu près, elle reste presque toujours difficile à féconder et ne *retient* plus, ou bien elle est plus exposée à avorter de nouveau. Comme elle donne moins de lait qu'auparavant, le propriétaire n'a rien de mieux à faire que de s'en débarrasser le plus tôt possible ; il ne doit même pas espérer pouvoir l'engraisser avec profit.

7° DE L'ALLAITEMENT.

L'allaitement commence dès la naissance. Le nouveau-né doit toujours prendre le premier lait ou *colostrum*, alors même qu'il est destiné à vivre séparé de sa mère. Ce lait agit comme un léger purgatif et débarrasse les intestins des matières appelées *meconium*, qui s'y étaient amassées pendant les derniers mois de la gestation. Souvent on fait avaler au veau, quelques instants après l'accouchement, un ou deux œufs avec leur coque pour disposer l'estomac à digérer.

Quand le veau prend lui-même le lait dans les mamelles, l'allaitement est dit *naturel ;* dans le cas contraire, il est *artificiel*. Le premier n'est peut-être pas le plus économique, mais il est le plus simple et le plus conforme au vœu de la nature.

Si la vache ne travaille pas, son petit reste constamment avec elle, à l'étable ou aux champs, et il tète quand il veut. Le lait lui est abandonné et suffit au-delà de ses besoins lorsque la mère est assez bonne nourrice. On trait le reste une ou deux fois chaque jour, afin d'entretenir, de susciter l'activité des mamelles. Les médiocres laitières ne fournissent guère que ce qui est nécessaire à un bon allaitement ; les mauvaises ne donnent pas toujours assez, et, dans ce cas, il y a lieu d'y pourvoir au moyen du lait d'une autre vache, ou à l'aide de lait écrémé, de thé de foin (1) et de farineux.

Il ne faut pas ménager le lait aux petites vèles que l'on veut conserver. Elles peuvent en consommer 150 à 180 litres dans les trente premiers jours de leur existence. Les cultivateurs qui ne font pas de l'élevage une pratique habituelle, qui ont la possibilité de tirer un bon parti de leurs produits, s'effraient à la pensée de consacrer à la nourriture des vèles une aussi grande quantité de lait ; ils ont tort, s'ils tiennent à faire de beau bétail. Ceux qui élèvent des génisses pour leur étable doivent savoir faire quelques sacrifices dans l'intérêt de l'avenir. Un bon allaitement exerce une grande influence sur la croissance et les qualités des jeunes sujets ; les veaux bien nourris dans les premiers mois de leur vie s'en ressentent toujours, et s'ils ont d'ailleurs été convenablement choisis, il y a presque certitude qu'ils seront de beaux et bons animaux.

---

(1) Le thé de foin se prépare en mettant infuser 1 kilog. de bon foin dans 10 à 12 kilog. d'eau bouillante.

Lorsque les vaches sont obligées de travailler, le veau ne peut rester constamment avec elles ; mais on doit faire en sorte que la séparation ne soit pas trop longue, et si les travaux ont été fatigants, on laissera reposer les mères, on les fera même manger un peu avant de remettre les petits avec elles.

Les veaux qui tètent leurs mères couvertes de sueur, excédées de fatigue, sont exposés à devenir malades et à périr à la suite d'un trouble rapide de la digestion, appelé *coup-de-lait*. Depuis longtemps aussi, on a reconnu que la frayeur, les violences, un dérangement subit dans le régime, des arrêts de transpiration, des refroidissements, une fièvre violente après le part, les souffrances de toute sorte gâtent le lait et sont très nuisibles aux nourrissons. Aucune cause ne peut agir sur la vache sans faire sentir plus ou moins son influence sur le veau qu'elle allaite.

Il survient parfois au pis et sur les trayons des crevasses douloureuses pouvant s'étendre et persister longtemps si les animaux ne sont pas tenus avec propreté. La douleur porte les vaches à refuser de se laisser traire ou téter ; il faut agir alors avec beaucoup de douceur et de précaution, et, pour guérir les plaies, employer la crème douce, et plus tard, quand des croûtes se sont formées, le beurre frais.

Lorsque l'on fait du fromage ou du beurre, on ne laisse les veaux téter que pendant huit jours, quinze jours, vingt jours tout au plus, et ensuite on remplace le lait par du thé de foin, du lait écrémé, auxquels on associe des farineux, des tourteaux écrasés. Cette méthode est industrielle et économique, mais peu favorable, je crois, à un bon élevage.

Quelle que soit la base de l'allaitement artificiel, il a des inconvénients. Les mélanges dont je viens de parler, le lait refroidi et déjà aigre, le lait ordinaire d'une vache qui a vélé depuis plusieurs mois, sont d'une digestion difficile; pris à grandes gorgées, ils tombent dans le rumen, et produisent des constipations ou des indigestions.

Dès que le veau a atteint trois ou quatre semaines, il cherche à prendre des aliments avec sa mère, et pince un peu d'herbe s'il est au pâturage On doit favoriser cette tendance, car plus tôt il mangera des fourrages, des farineux, des racines, moins coûtera son entretien, et plus tôt l'on pourra disposer du lait de sa mère. Les premiers aliments qu'on lui présentera seront faciles à mâcher.

Le veau pèse ordinairement, au moment de sa naissance, $1/13$ du poids de sa mère. Assez maigre alors, il s'engraisse vite, si on lui laisse boire beaucoup de lait.

Pour être économique et lucratif, l'engraissement doit être rapide, et il ne peut l'être qu'à la condition d'y consacrer des aliments de bonne qualité. L'allaitement naturel et direct produit la meilleure chair, mais il n'est pas indispensable à une bonne opération ; on peut y suppléer par des œufs, des farines, des tourteaux écrasés, etc. Quel que soit le procédé suivi, l'engraissement ne doit pas durer au-delà de cinq à six semaines: prolongé davantage, les produits paieraient mal la nourriture. On estime que *dix litres de lait* consommé par un veau bien disposé font *un kilogramme de viande*.

Maladies des veaux. Les veaux de lait sont parfois atteints de diarrhée. Quand elle est simple et se manifeste seulement par un peu de tristesse, par le ramollissement des déjections, on peut la faire cesser en administrant avant le repas un verre de vin coupé d'eau et sucré.

On emploie aussi avec succès un peu d'eau de chaux très légère.

Si la diarrhée est plus grave, si les veaux deviennent faibles et maigres, perdent l'appétit, ont l'œil terne, le poil hérissé, on donne force boissons émollientes de graine de lin ; on fait prendre, avant le repas, des infusions de camomille dans lesquelles on a mis quelques pincées de poudre de rhubarbe ou de magnésie.

Quelle que soit la cause de cet accident, l'humidité, le froid, un mauvais lait, il est nécessaire, en même temps que l'on traite les malades, de ne délivrer aux mères que des aliments secs et de bonne qualité.

La constipation peut également survenir. Elle se guérit aisément à l'aide de quelques cuillerées d'huile d'olive ou d'un peu de miel délayé dans du lait. Si elle persistait, on administrerait 20 à 30 grammes de sulfate de soude dissous dans de l'eau tiède ou un peu de manne, et l'on ferait prendre de petits lavements composés d'eau de son ou d'eau de mauve avec un peu d'huile.

La constipation se produit surtout au moment du sevrage, quand des aliments substantiels et plus ou moins secs sont substitués au lait.

Sevrage. On désigne ainsi la cessation définitive

de l'allaitement. Il a lieu spontanément ou par les soins et la volonté de l'homme.

Lorsque la vache n'est pas bonne laitière et que le petit s'est habitué de bonne heure à manger des fourrages verts, le sevrage s'effectue facilement. Le veau s'éloigne de sa mère, la néglige, et s'accoutume à se passer d'elle. Cela arrive ordinairement du troisième au cinquième mois. Quand l'allaitement se prolonge au-delà du terme que l'on avait en vue, le sevrage doit être opéré de force.

La séparation ne doit pas être brusque, mais graduelle pour le veau que l'on veut élever et qui a vécu constamment près de sa mère. Elle est moins pénible pour l'un et pour l'autre; le veau souffre moins, et la vache ne perd pas autant de lait.

Huit à quinze jours suffisent ordinairement pour que le jeune sujet oublie sa mère, perde l'habitude de téter et s'accoutume à une nourriture nouvelle. Il n'en est pas toujours ainsi. Pour empêcher le veau qui a reconnu sa mère et qui vit avec elle de la téter encore, on a imaginé de lui mettre une muselière armée de pointes tournées en dehors, qui piquent les mamelles quand il s'approche pour saisir le trayon. Ce moyen doit être rejeté, il est dangereux. Il vaut mieux tenir les animaux séparés un peu plus longtemps.

Dans quelques localités, en Auvergne, par exemple, on ne sèvre définitivement qu'à cinq ou six mois, mais le veau n'a pas tété ou n'a eu la mamelle que peu de temps; il a été nourri au baquet avec du lait ordinaire ou avec des boissons préparées.

10.

Le sevrage ralentit toujours l'accroissement, et d'autant plus qu'il a été plus brusque et que les nouveaux aliments diffèrent davantage du lait par leur état et leur composition. C'est alors que les veaux sont atteints de constipations parfois opiniâtres, qui les font souffrir, et qu'on doit combattre comme il a été dit plus haut.

La mère se ressent aussi pendant plusieurs jours de la séparation à laquelle on l'a condamnée; elle s'agite, s'inquiète, meugle, perd l'appétit, refuse de se laisser traire tant que ses mamelles ne sont point gonflées par le lait. Les produits sont diminués. Cet état dure plus longtemps si la vache peut voir et entendre son nourrisson. L'oubli fait rentrer les choses dans leur état normal.

Les veaux que l'on vient de sevrer sont assez délicats; ils ont besoin d'un air pur, mais ils craignent le froid. S'ils vivent dans les pâturages, on ne les laissera point manger d'herbes couvertes de rosée, de gelée blanche. On les fera rentrer à l'étable aussitôt que les premiers froids, les premiers brouillards se feront sentir.

Si le pâturage où ils ont été placés ne fournissait pas amplement à leur entretien, il faudrait y suppléer par des farineux, des tourteaux.

Portées doubles. Les portées doubles sont rares dans l'espèce bovine. Lorsqu'il naît deux veaux, ils sont toujours maigres, chétifs. On peut, à la rigueur, les conserver en en prenant quelque soin, mais il faut bien se garder d'en faire des taureaux ou des vaches laitières. Sur vingt individus nés *jumeaux* ou *bessons*, il n'y en aura peut-être pas un seul qui se développera bien et fera un bon animal. On sait aussi que la génisse jumelle d'un veau mâle est ordinairement stérile.

CHOIX ET ÉLEVAGE DES VEAUX. CASTRATION.

Choix. Au premier rang des causes qui s'opposent à l'amélioration du bétail dans les pays d'élevage, il faut placer le peu de soins ou de connaissances apportés dans le choix des sujets destinés à faire plus tard des taureaux et des vaches laitières. Ce choix est difficile, j'en conviens, parce qu'il porte sur des individus très jeunes, dont les formes ne sont pas encore dessinées. Les cultivateurs intelligents ne sont pas dépourvus néanmoins de tout moyen de se guider dans cette recherche, et de distinguer les germes, les signes élémentaires des aptitudes qui devront plus tard caractériser les animaux; qu'ils me permettent donc de leur adresser les conseils suivants :

Il faut donner la préférence aux veaux nés, au printemps, d'une vache âgée de cinq à dix ans, bonne laitière, bien marquée et gardant longtemps son lait, ayant vécu dans de bons pâturages plutôt qu'à l'étable; d'un taureau âgé de douze à dix-huit mois, s'il s'agit d'une vêle, de dix-huit à trente mois, s'il s'agit d'un taurillon.

Ils auront des formes régulières et élargies, des membres courts, le dos droit, la poitrine arrondie, les reins et le derrière larges, la peau souple, les poils doux, lisses et brillants, le fanon mince et flottant. La vêle aura de plus la tête fine, allongée, et le mufle de couleur claire ou entouré d'un cercle jaunâtre ; le mâle une tête large et courte. L'un et l'autre seront gais, vifs, d'un bon appétit. Ils n'auront point le dos voûté et tranchant, la poitrine aplatie, les flancs longs et creux, les membres longs, plats et rapprochés, la peau collée aux os, le poil long, dur et hérissé ou bourru.

On consultera attentivement les gravures ou marques ; elles sont visibles chez les jeunes animaux. Je suis à cet égard tout à fait de l'avis de M. Collot, quand il dit que ce qui recommande ce signe, c'est qu'à la différence des autres signes locaux, qui n'apparaissent qu'au fur et à mesure du développement des qualités, il existe avant les qualités mêmes, il les annonce, et qu'avec lui on peut, dans une vèle de lait, préjuger la valeur laitière de la vache.

Pour la même raison, l'on devra s'attacher à reconnaître les signes contraires ou négatifs, s'ils existent, les écussons irréguliers, les marques de la bâtardise.

Lorsque, quelque temps après le sevrage, les animaux conservent de longs membres, un gros ventre, une grosse tête, un poil bourru, on peut croire qu'ils ont été malades ou mal nourris, ou bien qu'ils sont de mauvaise origine ; il faut les rejeter.

A ces conseils j'en ajouterai un autre qui n'en est que le corollaire ou le complément : c'est de ne point s'obstiner à garder des génisses ou des taurillons sur lesquels ne se dessineraient point nettement les bons caractères signalés plus haut, de ne point obéir aux suggestions de l'amour-propre ou du point d'honneur s'ils recommandaient le contraire, dans le cas où l'on reconnaîtrait que l'on s'est trompé dans son jugement. Conserver chez soi des animaux sans mérite ou mal appropriés à leur destination est la plus mauvaise spéculation, l'opération la plus fausse que puisse faire un agriculteur.

Elevage. On croit communément que les veaux peuvent être nourris avec parcimonie ; en conséquence, après les avoir sevrés, on les jette sur de maigres pâturages, ou, s'ils restent à l'étable, on ne leur donne que du foin ou du regain. Cette pratique, cet abandon dans lequel beaucoup de cultivateurs laissent les jeunes sujets destinés à l'élevage, ne sauraient être trop blâmés.

C'est pendant l'hiver surtout que les veaux ont à souffrir de la négligence et du défaut de soins. Souvent on les voit au printemps sortir des étables, maigres, couverts de poux ou de gale, le poil hérissé, l'œil terne, la démarche lente. Après quelques semaines de séjour dans les pâturages, si les herbes sont bonnes, on se félicite de les voir reprendre de l'embonpoint, de la vigueur, un poil brillant, et l'on trouve que les privations de l'hiver les ont préparés à profiter de l'abondance de la belle saison. Ce raisonnement est mauvais. Les animaux qui, faute de nourriture et de soins convenables, ne s'accroissent pas dans des limites normales, souffrent, perdent un temps précieux, et consomment sans profit. Leurs facultés, leurs aptitudes ne se développent pas ; ils restent moins volumineux, moins propres à s'engraisser ultérieurement ou à donner du lait.

La stabulation constante, même assez bonne, ne-convient pas aux veaux que l'on veut élever ; le grand air, le séjour dans des pâturages plutôt secs qu'humi-des, sans être nécessaires à leur développement, lui sont favorables ainsi qu'à leur santé.

Lorsque le jeune bétail passe du régime vert au sec, il est bon d'établir entre les deux régimes une transition à l'aide des fourrages hachés.

D'ailleurs, on ne peut trop le répéter, sans beaucoup de soins pour les jeunes animaux, les améliorations sérieuses ne sauraient être entreprises ni maintenues.

Les personnes qui ont une grande habitude du bétail ne veulent pas des animaux qui ont souffert pendant leur jeunesse, et elles ont raison. C'est pendant la première période de la vie que l'accroissement est le plus rapide, que le tempérament se forme et prend une direction. Le corps se ressent toujours du bien ou du mal qu'il a éprouvé au moment où se formaient, où se dévelop-paient les organes qui le composent.

M. Boussingault a fait, sur une vèle, les observations suivantes sur l'accroissement journalier pendant diver-ses périodes de la jeunessse ; il a été en moyenne :

Pendant l'allaitement, de . . . 1 k. 13 par jour.

Au-dessous de trois ans, de. . 0 72 —

Après trois ans, de . . . . . . 0 10 —

Nourrir abondamment les jeunes animaux, les loger sainement, les protéger contre les intempéries, leur faire respirer un air pur et les tenir proprement, sont des conditions nécessaires à remplir, si on les veut rendre précoces et productifs.

Un veau doit consommer, en moyenne, par jour :
Du 3ᵉ au 10ᵉ mois, l'équivalent de 3 kilog. de foin :
Du 10ᵉ au 12ᵉ mois,   —   4   —
Du 12ᵉ au 20ᵉ mois,   —   6   —
Du 20ᵉ au 24ᵉ mois,   —   8   —
De 2 ans à 3 ans,   —   10   —

Il est évident qu'il s'agit ici d'animaux appartenant à des races de taille moyenne.

A dater du sevrage, la génisse dont on voudra faire une bonne laitière devra être l'objet de plus d'attention dans le choix de sa nourriture. Elle recevra donc, dans la belle saison, des herbes, des fourrages verts en abondance ; pendant l'hiver, de bon foin, du regain, des betteraves, des carottes, des farineux, etc.

Je sais bien que des agriculteurs négligents et paresseux, qui se complaisent dans leurs habitudes routinières, trouveront ces soins minutieux et inutiles. Eh bien ! qu'ils comparent leur bétail souvent misérable avec celui des étables bien tenues, et qu'ils jugent de quel côté est le bon sens et de quel côté les bénéfices. Ils comprendront peut-être que dans ce monde on n'obtient rien sans peine.

Castration des veaux. Il est inutile de châtrer les veaux destinés au boucher, ne dût-on les vendre qu'à six ou sept semaines. Mais on doit châtrer tous les mâles que l'on ne veut pas conserver pour la reproduction. Ceux qui doivent devenir exclusivement ou principalement des bœufs d'engrais pourront l'être à un mois ou six semaines. On attendra un peu plus tard, cinq à huit mois, pour les sujets destinés au travail.

ÉDUCATION ET DRESSAGE DES ANIMAUX.

La docilité, les dispositions à obéir, rendent les animaux d'un emploi commode et sans danger pour l'homme. Un animal doux, paisible, est plus agréable à conduire et à soigner qu'un individu impatient ou vicieux. Dans les vaches, l'indocilité, la méchanceté sont en outre nuisibles à la production du lait.

Les défauts de caractère sont rares dans l'espèce bovine. Le bœuf, la vache ne cherchent guère à se défendre contre l'homme, à se soustraire à leur servitude. Pourtant, quand on ne les a pas préparés par un bon dressage, on n'en obtient pas toujours aisément et tout de suite tout ce qu'on désire. La génisse bien nourrie est vive, alerte, souvent chatouilleuse et irritable; elle est ordinairement difficile à ferrer, et parfois refuse de laisser téter son premier veau ou de se laisser traire.

Il faut habituer de très bonne heure les jeunes animaux à faire ou à supporter ce que l'on exigera d'eux plus tard. Ainsi, on exécutera sur la génisse le simulacre de la mulsion, de la ferrure; on lui appliquera un joug, un collier, afin que plus tard l'allaitement, le tirage, etc., lui semblent moins étranges.

On agira toujours avec beaucoup de douceur vis-à-vis des jeunes animaux, pour ne pas les rebuter et les rendre craintifs ou méchants. Il est bien rare qu'avec de la patience et des caresses, de la fermeté sans colère et sans emportement, on n'obtienne pas en peu de temps ce qu'on leur demande.

On pourra d'abord atteler les jeunes animaux à une

herse légère, un guide allant devant eux, qui les appelle et leur apprend en quelque sorte à marcher en suivant une ligne droite. Ensuite, on leur fera trainer une voiture peu chargée, et ce n'est que lorsqu'ils seront devenus assez dociles et obéissants qu'on les mettra à la charrue. Un guide est surtout indispensable dans ce dernier cas, pour habituer les animaux à une allure régulière et à suivre le sillon. Plus tard, ils iront seuls ; l'aiguillon suffira pour les diriger, même dans le tracé de la première raie.

On recommande avec raison, quand on dresse les bœufs ou les vaches au labourage, de ne pas leur permettre de s'arrêter avant d'être arrivés à l'extrémité du sillon ; sinon ils en prennent l'habitude, et la régularité du travail en souffre.

Il ne suffit d'enseigner aux jeunes animaux à tirer, à marcher droit devant eux ; il faut aussi les accoutumer à tourner, à exécuter des mouvements divers.

Il importe aussi beaucoup, quand on dresse un bouvillon, une génisse, de s'assurer que l'attelage est bon, que le joug ne les blessera pas, n'occasionnera pas de douleurs vives ; autrement ils pourraient se rebuter, devenir maladroits et rétifs.

On s'abstient trop généralement de dresser au travail les jeunes taureaux. On pourrait presque toujours les utiliser dans les saisons où ils ne font pas la monte, et ils seraient ensuite plus dociles et ne s'en porteraient pas moins bien.

Le taureau qui vit isolé, qui ne travaille pas, a généralement de la tendance à devenir méchant. Il devient

alors particulièrement dangereux pour les autres taureaux, pour les bœufs, pour le cheval et pour les
personnes qu'il ne connaît point. Il ne ménage même
pas toujours les gens qui lui donnent habituellement
des soins.

On peut s'en rendre maître en lui appliquant l'anneau
nasal dont nous allons donner la description, d'après
M. Rolland, professeur à l'école d'agriculture de Grand-
jouan, anneau dont on trouvera la figure pl. 6.

« Différents moyens ont été conseillés pour dompter
» les taureaux, mais le plus simple et le plus sûr est
» encore, à mon avis, l'anneau nasal. Néanmoins, les
» anneaux connus jusqu'ici sont loin d'être sans incon-
» vénient. Les deux le plus en usage sont à charnière,
» d'un prix assez élevé ; ils sont difficiles à placer,
» encore plus à déplacer, puisque l'un se ferme avec
» une goupille que l'on rive sur place, l'autre en re-
» pliant une de ses extrémités effilées après qu'elle
» s'est engagée dans un trou de l'extrémité opposée.
» (Pl. 6, fig. 1 et 3.)

» Si, en rivant les anneaux sur place, on fait ressentir
» au taureau de vives douleurs, c'est bien pis quand
» on veut les enlever, obligé que l'on est de briser
» avec un repoussoir les rivures rouillées. Pour cela
» faire, il faut fixer le taureau, avoir un homme
» adroit, perdre beaucoup de temps et quelquefois
» scier l'anneau.

» J'ai cherché à éviter ces inconvénients en imagi-
» nant un anneau nasal à vis, représenté pl. 6, fig. 2 ;
» il est sans charnière, simple, peu cher, et se com-

» pose de l'anneau proprement dit *A* et de l'anse *B*.

» La pièce *A* présente une ouverture *a* nécessaire » pour passer l'anneau à travers la cloison du nez, » une extrémité *b* munie d'une tête plate, une extrémité » *c* qui porte des pas de vis. En *d*, il est chagriné » par des rainures circulaires, afin de produire une » forte douleur dans le cas où le taureau serait indocile. » La pièce *B*, en fer à cheval, offre deux ouvertures : » l'une en *e*, dans laquelle roule aisément l'anneau *A*; » l'autre en *f*, taraudée.

» Pour placer l'anneau à vis, le taureau étant fixé à » un travail ou à un arbre, on perce la cloison nasale » avec un couteau étroit et pointu ou avec un trocart, » puis on passe l'anneau. On le ferme sans faire éprou- » ver la moindre douleur à l'animal, en faisant glisser » l'anse *B*, de manière que l'extrémité *c* vienne en *b* » et que l'ouverture *f* embrasse l'extrémité *c*, et en » vissant alors la pièce *B* sur la pièce *A*. On place le » frontal comme pour les autres anneaux (pl. 6, fig. 3 » et 4), et l'opération est terminée.

» Si on veut l'enlever, c'est très facile. Sans fixer le » taureau, on met une goutte d'huile sur l'extrémité » taraudée; après avoir débouclé le frontal, on dévisse » l'anse *B*, et on retire l'anneau sans que l'animal se » plaigne de la plus petite secousse. »

M. Rolland a également imaginé un système économique de mouchettes, dont on peut se servir pour diriger les sujets auxquels on ne veut plus placer d'anneau nasal. Elles sont formées par deux branches unies par une charnière et embrassées par un anneau coulant. Des encoches creusées sur chaque branche retiennent l'anneau lorsque les mouchettes sont placées et fermées.

L'anneau nasal et les mouchettes ne suffisent pas toujours pour maîtriser les forts taureaux et les conduire aisément. On pourra augmenter leur puissance ou les remplacer : 1° par les bâtons conducteurs importés d'Angleterre par M. Sainte-Marie et modifiés par M. Rolland (1); 2° par l'appareil de M. Vigan, décrit dans le *Journal d'Agriculture pratique*, année 1857.

REMPLACEMENT ET UTILISATION DES VIEILLES VACHES.

La vache, avons-nous dit, ne commence à bien produire qu'à quatre ou cinq ans (2), et elle continue, sans grands changements, jusqu'à douze ans environ. C'est une période de sept à huit ans pendant laquelle elle fournit toute la proportion de lait que comportent ses facultés, sa taille, son mode d'entretien.

Lorsque le logement, la nourriture, tout le régime en un mot, sont dirigés de manière à produire la plus abondante lactation, si surtout les bêtes appartiennent à la catégorie des meilleures laitières, leur carrière est souvent plus courte. Elles s'engraissent ou contractent la phthisie pulmonaire vers neuf à dix ans, et l'on est obligé de les réformer. Ces faits peuvent être constatés

---

(1) *Annales de l'Agriculture française*, année 1855.

(2) **On appelle** *amouillantes* **les génisses de deux ans et demi à trois ans, prêtes à mettre bas ou suivies d'un premier veau.**

dans les étables des nourrisseurs aux environs des grandes villes.

Les vaches qui vivent dans les pâturages ne finissent pas aussi tôt ; toutefois, il arrive un moment où elles ne se nourrissent plus assez, où leurs produits diminuent très notablement : c'est alors qu'il faut en disposer pour une autre destination.

On voit d'excellentes laitières qui ont dépassé leur douzième, leur quatorzième année, et font encore chaque année un bon veau. Mais si leur lait est plus crémeux qu'autrefois, il est en réalité moins abondant. Il n'y a de véritable économie à conserver des vaches âgées que lorsqu'on veut surtout obtenir du beurre ou de la crème.

Une bête qui s'engraisse avec son régime ordinaire perd de son aptitude pour la lactation ; il faut la remplacer quel que soit son âge. Dans une exploitation qui repose sur la production du lait, on doit écarter tous les instruments mauvais ou médiocres.

Cet engraissement précoce des vaches laitières est un défaut relatif. Quelques races précieuses d'ailleurs le présentent, celles d'Ayr, de Durham, par exemple. On le signale aussi dans la petite vache bretonne quand elle quitte ses landes pour aller vivre sur des pâturages fertiles ou dans des étables bien pourvues de fourrages.

Il est des causes, autres que la vieillesse et l'engraissement prématuré, qui obligent à réformer les vaches et à les remplacer par d'autres ; elles sont même assez nombreuses.

On doit changer : les vaches vicieuses qui ne se laissent pas traire ; elles sont un embarras et un danger, et ne fournissent pas toute la quantité de lait qu'on aurait droit d'attendre.

Celles qui ont avorté plus d'une fois, ou qui ne se sont pas complètement remises après un premier avortement, sont restées maigres, ou ne donnent plus après un nouveau vélage autant de lait qu'autrefois.

Les bêtes *taurelières* qui ne retiennent pas, et sont presque toujours en chaleur.

Les vaches qui, à la suite de maladies ou de violences extérieures, ont un ou plusieurs trayons qui ne fournissent plus de lait. C'est une erreur de croire que les autres suppléent entièrement à cette inaction.

Celles qui ont éprouvé des renversements, des hernies ; il est rare que cet accident ne se reproduise point par la suite.

Celles qui sont sujettes aux indigestions ou gonflement de la panse ; elles finissent par en périr.

Les vaches grandes mangeuses, dont le ventre est très gros, qui s'entretiennent mal et ne donnent pas du lait en proportion de ce qu'elles consomment.

Les vaches qui se tètent elles-mêmes, quand une nourriture bonne et régulièrement distribuée n'a pas fait cesser ce défaut. Si une bête qui le présente était excellente d'ailleurs, on pourrrait essayer de la corriger en lui appliquant un surfaix en arrière des épaules, auquel on attacherait deux-cordes partant de la base des cornes, de manière à laisser une certaine liberté aux mouvements de la tête, tout en mettant l'animal dans l'impossibilité d'atteindre à sa mamelle.

Les vaches appelées *rongeantes*, qui ont l'habitude de *ronger* le bois sec, le cuir et d'autres corps non alimentaires. « Ce vice, dit Chabert, diminue d'abord » la quantité du lait, en altère la qualité, lui donne » ensuite, par l'ingestion de ces substances étrangères » dans l'estomac, un mauvais goût, une odeur péné- » trante, le rend susceptible de tourner, de se dé- » composer aisément; il devient de moins en moins » crèmeux, en un mot très mauvais. » Les causes de ce vice singulier sont : l'usage prolongé d'aliments fades, sans saveur, ne contenant pas assez de parties salines, et enfin l'imitation.

Les vaches *tiqueuses*, qui font la *langue serpentine*.

L'oisiveté absolue dans laquelle restent pendant long-temps les bêtes soumises au régime de la stabulation, dont les repas sont composés de substances préparées, cuites, occupant un petit volume, bientôt mangées et ruminées, et de plus l'imitation, paraissent être les causes de ces deux derniers défauts ou *tics*. Ceux d'entre eux que le changement de régime ne détruit pas deviennent définitifs et des causes obligées de réforme.

Les préventions contre la viande de vache n'existent que chez les consommateurs; les bouchers ne les par-tagent pas, et ils ont bien raison. Ils en profitent habi-lemeut pour acheter à bas prix.

C'est à tort, croyons-nous, qu'à Paris cette viande est taxée indistinctement à 40 centimes par kilogramme au-dessous de celle du bœuf.

L'expérience exempte de préjugés, l'étude des ren-dements en chair et en graisse des vaches livrées à la boucherie dans de bonnes conditions, établissent la valeur et l'importance de ces animaux pour la consommation. On doit même déplorer, à ce point de vue, que les cultivateurs ne prennent pas plus généralement l'habitude de réformer un peu plus tôt leurs vaches, et, en choisissant bien le moment, de les engraisser avant de les vendre. Ils n'auraient qu'à gagner à se débarrasser le plus promptement possible de leurs bêtes médiocres ou mauvaises.

La vache que l'on réforme est vendue immédiatement ou engraissée et livrée à la boucherie. Quand les fourrages sont abondants ou ne coûtent pas trop cher, et que l'on ne spécule pas exclusivement sur le lait, il y a avantage à prendre ce dernier parti, à moins que les animaux ne soient trop vieux, n'aient une maladie de poitrine ou ne manquent de dispositions.

Si les chaleurs se manifestent, il faut les faire cesser en faisant féconder la vache, sans quoi l'engraissement pourrait être trop long.

C'est dans ces circonstances, quand les bêtes conçoivent difficilement ou qu'on veut les pousser à un haut degré de graisse, que la castration doit être conseillée.

On n'engraisse que des vaches qui ne donnent guère de lait ou qui ont cessé d'en produire beaucoup. Dès qu'elles ont été soumises au nouveau régime, on cesse graduellement de les traire. Si on conservait aux mamelles toute leur activité, l'engraissement serait retardé.

Les vaches s'engraissent dans les pâturages comme

les bœufs. Si on les tient à l'étable, la ration sera au moins égale à celle qu'on leur donnait quand elles étaient dans toute la force de leur lait.

Dans tous les cas, il n'y a pas de moyen terme à choisir; le bénéfice de l'opération dépend de sa rapidité. On vend quand l'embonpoint est prononcé et que la bête est de bonne défaite. Un propriétaire qui ne fait pas le métier d'engraisseur n'a pas d'intérêt à pousser les animaux plus loin.

Acclimatement. Le commerce des vaches donne lieu à des déplacements fréquents de ces animaux d'un lieu dans un autre parfois très éloigné du premier.

Il est de principe que l'on ne doit point transférer les individus, les races surtout, dans un pays plus pauvre en fourrages que celui d'où ils ont été tirés. Il faut au moins l'égalité sous ce rapport, sans quoi les animaux perdent une partie de leurs qualités natives.

L'acclimatement est facile quand les contrées où l'on transporte les vaches ressemblent à celles d'où elles sortent, ou sont plus favorables à la conservation de leurs aptitudes.

Les sujets encore jeunes, plus facilement modifiables, s'acclimatent plus aisément que les adultes et les vieux. La génisse souffre moins d'un déplacement lointain que la vache mère.

Quelques précautions que l'on prenne, la vache qui change de pays souffre en route; le changement d'air, de nourriture a de l'influence sur elle; son lait diminue plus ou moins pendant quelque temps. Mais si elle est bien soignée, elle se rétablit et reprend ses qualités premières. Le marchand, le cultivateur bien avisés cherchent à rendre cette transition moins pénible et moins longue par de bons soins et un bon régime.

Les vaches qui arrivent dans une étable seront tenues avec propreté, frictionnées, bouchonnées, si elles paraissent souffrir du voyage. Un peu d'eau tiède et vinaigrée appliquée sur les membres, sur les articulations, fera bon effet. Elles ne seront point mises immédiatement au régime ordinaire; on leur donnera d'abord des boissons farineuses, des aliments cuits et de facile digestion, avec un peu de sel. S'il y a échauffement, fièvre, une petite saignée fera du bien.

Ces soins continués pendant huit jours, une bonne litière, un peu d'exercice chaque jour dans la cour ou le verger, rendront la transition facile et l'acclimatement moins pénible. De semblables précautions doivent être surtout recommandées pour les vaches déplacées peu de temps avant le vélage.

COMMERCE DU BÉTAIL. VICES RÉDHIBITOIRES.

Le propriétaire qui vend ou achète du bétail doit savoir que la loi du 20 mai 1838 a placé au nombre des vices rédhibitoires pour l'espèce bovine :

La phthisie pulmonaire ou pommelière,

L'épilepsie ou mal caduc,

Les suites de la non-délivrance,

Le renversement du vagin ou de l'utérus,   } Après le part chez le vendeur.

Mais les animaux affectés de l'un de ces vices peuvent faire, en vertu des dispositions de l'art. 1627 du code civil, entre les parties, l'objet de conventions qui déchargent le vendeur de la garantie.

La durée de la garantie est de neuf jours pour la pommelière, les suites de la non-délivrance et le renversement du vagin ou de l'utérus ; elle est de trente jours pour l'épilepsie ou mal caduc.

Les conventions particulières autorisées par l'article 1627, qui limitent, annulent ou étendent la garantie imposée par la loi au vendeur, ne sauraient s'appliquer toutefois aux animaux atteints ou suspects de maladies contagieuses. L'article 7 de l'arrêt du conseil d'état du roi du 16 juillet 1784 défend positivement de les vendre et même de les exposer en vente. Aux termes des articles 1108 et 1133 du code civil, ces animaux ne peuvent faire l'objet d'un contrat licite.

Lorsque le bétail non affecté de maladies contagieuses est vendu spécialement pour la boucherie, les dispositions de la loi du 20 mai 1838 ne peuvent lui être appliquées. Voici ce que disent à cet égard MM. Galisset et Mignon dans leur *Nouveau Traité sur les vices rédhibitoires :* « En effet, du moment
» qu'il est reconnu que la loi du 20 mai 1838 a laissé
» intacte la législation sur la vente des animaux destinés
» à la consommation, il faut décider que chaque loca-
» lité continue d'être soumise, comme par le passé, à
» ses règlements particuliers. Ces règlements ont con-
» servé toute leur force, non seulement pour le fond
» du droit, mais encore pour la forme à employer
» dans l'exercice de l'action en garantie. Ainsi, comme
» l'ont décidé les deux arrêts de la cour royale de Paris
» et de la cour de cassation, en date du 18 mai 1839
» et du 18 janvier 1841, ce n'est pas aux formes pres-

» crites par la loi du 20 mai 1838 qu'il faut recourir
» pour faire constater le décès.

» Pour les villes et localités qui n'ont point de règle-
» ments particuliers sur la vente des animaux de bou-
» cherie, ce sont évidemment les règles du code civil
» qu'il faut appliquer. Ainsi il y aura lieu à garantie,
» de la part du vendeur, toutes les fois que l'animal
» vendu se trouvera dans l'un des cas prévus par les
» articles 1641 et suivants de ce code. Cependant il
» faut remarquer que, s'agissant d'animaux destinés
» à la boucherie, c'est-à-dire devant être abattus im-
» médiatement, le juge ne devra admettre, comme
» causes de garantie, que les vices qui peuvent dimi-
» nuer la valeur de la viande . . . .

» On conçoit donc que le défaut qui serait rédhibitoire
» pour une vache laitière, pour une bête destinée à la
» reproduction ou au travail, n'a pas ce caractère
» pour un animal destiné à la boucherie. »

CHAPITRE V.

Choix d'une race bovine.

1° CONSIDÉRATIONS GÉNÉRALES.

Avec un peu d'observation et de pratique, on arrive assez aisément à faire un bon choix d'animaux pour le travail ou pour la laiterie ; il est plus difficile de bien choisir une race, parce qu'il ne suffit plus alors de prononcer sur ses aptitudes d'une manière absolue ; il faut les étudier dans leurs rapports avec les conditions de climat, de régime, avec toutes les circonstances d'exploitation, en un mot, dans lesquelles cette race vit ou se trouve appelée à vivre.

L'espèce bovine reçoit des destinations variées; toutes les races ne sont pas également propres à les remplir. Il est un choix à faire parmi elles selon l'ordre et le degré de leurs aptitudes, ainsi que va le prouver l'indication succincte des caractères généraux qui distinguent les trois groupes dans lesquels peuvent définitivement se résumer toutes les races bovines.

PREMIER GROUPE.

Races énergiques. Les animaux qui composent ce groupe se font remarquer par un grand développement de tout le squelette et particulièrement des membres, une tête forte, une encolure charnue, des hanches souvent effacées, une peau épaisse, des cornes souvent grosses et longues ; ils sont robustes, sobres, rustiques, supportent bien la fatigue et les intempéries, mais ils se développent lentement, ne s'engraissent que tard et avec plus ou moins de difficulté. Les *races énergiques* sont encore appelées *de montagne, de travail* ou *de haut-crû;* celles d'*Aubrac* et en général de toute l'*Auvergne*, du *Rouergue*, du *Limousin*, de la *Gascogne*, du *Morvan*, de la *Franche-Comté* (Tourache), appartiennent à ce groupe.

Leur nombre et leur importance diminuent à mesure que les bons chevaux se multiplient, que les voies de communication s'améliorent, que les ressources fourragères augmentent, que la viande de boucherie devient plus chère, et qu'enfin les agriculteurs sont persuadés que, dans la majorité des circonstances où l'on fait travailler le bœuf, il y a un avantage incontestable à le prendre dans une race joignant à une aptitude évidente pour le travail des dispositions à s'engraisser.

DEUXIÈME GROUPE.

Races lymphatiques. On les appelle encore *races de nature* ou *des vallées*. Leurs caractères les distinguent tout à fait des précédentes.

Les animaux qui les composent ont généralement le squelette peu développé, les membres courts, minces et écartés, la peau fine et souple, la poitrine arrondie, les reins, la croupe, le derrière larges, la tête allongée, l'encolure grêle et les cornes plus ou moins effilées. Ils se font surtout remarquer par la précocité de leur croissance et leur tendance à s'engraisser à un âge où les premiers ne font encore que gagner en taille et en force. Les races de la *Normandie*, de la *Flandre*, de la *Vendée*, en France ; de *Durham*, de *Hereford*, d'*Ayr*, en Angleterre ; celle de la *Hollande*, dans les Pays-Bas et en Belgique, se rattachent à ce groupe.

TROISIÈME GROUPE.

Races mixtes. On ne distingue habituellement que les deux catégories de bêtes bovines dont je viens d'esquisser à grands traits les caractères généraux ; il suffit pourtant de la plus simple observation pour se convaincre qu'entre elles il y a place pour un groupe intermédiaire, celui des *races mixtes*. Dans celles-ci on trouve réunies des aptitudes au travail et à un engraissement assez précoce. Mais l'une de ces aptitudes peut l'emporter sur l'autre si les animaux sont placés dans des conditions spéciales d'entretien. Ainsi, à l'aide d'un régime médiocre, par un travail commencé de bonne heure et continué au-delà de l'âge adulte, on peut les réduire à l'état de bêtes de travail ; tandis qu'avec une bonne nourriture, une stabulation permanente ou le séjour prolongé dans de gras pâturages, on aurait pu en faire d'excellents animaux pour la boucherie ou le lait.

La France possède d'excellentes races mixtes, celles du *Charolais*, de *Salers*, du *Bourbonnais*, de l'*Agenais*. de la *Bresse*, la *femeline du Jura*, races d'autant plus précieuses qu'elles sont faites à notre climat et préparées à toutes les améliorations partielles qu'on voudra leur imprimer par le croisement ou la sélection. Aussi croyons-nous que l'on doit apporter beaucoup de prudence et de savoir dans leur alliance progressive avec des animaux étrangers ou de races récentes.

La double disposition à travailler et à prendre de la graisse de bonne heure, sans être exclusive et rigoureusement contradictoire, n'existe toutefois chez le même sujet qu'à un certain degré. C'est ce qui a fait dire qu'il n'y avait de véritablement productifs que les animaux appropriés à une destination déterminée ; que les races mixtes n'avaient pas de raison d'être, et que leur entretien et surtout leur propagation constituaient un non-sens économique ; qu'enfin l'on devait regarder comme un progrès véritable leur réduction à l'état de races *spécialement* propres au travail ou à la boucherie.

Une *spécialisation* aussi absolue ne me paraît pas possible partout. Et quand il serait définitivement établi, par des observations rigoureuses et par une comptabilité exacte, que, dans les contrées où les fourrages sont abondants, on doit donner la préférence aux chevaux, comme moteurs, et n'avoir que des bœufs d'engrais, il n'en resterait pas moins évident qu'il est beaucoup de circonstances où le travail du bœuf est en quelque sorte obligatoire, où l'on ne peut songer à lui substituer celui du cheval.

Le cheval est un excellent auxiliaire agricole quand on a du travail à lui donner constamment, et que l'on peut consacrer à son entretien des grains et de bons fourrages ; mais partout ailleurs il est d'un usage onéreux, parce qu'il perd chaque année au moins un dixième de sa valeur.

Il n'en est pas de même du bœuf. D'un prix moins élevé, plus facile à nourrir, il fait courir moins de risques et coûte moins d'entretien. En été, des fourrages verts ; en hiver, du regain, de la paille, des betteraves ou des pommes de terre lui suffisent. On peut le faire travailler très jeune et jusqu'à l'âge de sept ou huit ans et plus. Si, dans cet intervalle, il a été convenablement nourri, il n'a pas cessé d'acquérir du poids et conséquemment de la valeur. Quand il ne fait rien, il gagne en volume et donne un fumier abondant. Ses harnais, simples, peu dispendieux, n'exigent guère de réparations. Le bœuf est aussi plus patient, plus docile, plus aisé à conduire que le cheval ; moins ardent, moins impétueux et moins facile à rebuter, il convient mieux pour trainer des fardeaux dans les contrées montueuses et accidentées, pour labourer dans les terrains pierreux et inégaux, pour défoncer à la charrue.

Ces considérations assurent au bœuf, comme moteur agricole, dans beaucoup de localités, la préférence sur le cheval. Pour bien remplir son rôle, il peut être pris dans une race mixte, où la force, la rusticité n'excluent pas la disposition à un engraissement assez hâtif, et n'empêchent pas la formation de produits abondants et de bonne qualité. *Spécialiser* pour le travail me paraît être un non-sens, une opération rétrograde, en opposition directe avec les lois du progrès agricole et d'une bonne économie.

Quant à la spécialisation pour la chair et la graisse, c'est autre chose ; je crois à son opportunité, à son utilité, toutes les fois qu'il y a indication et possibilité de supprimer le bœuf de travail. Mais il me semble que la question a été mal posée, et je m'explique ainsi les nombreuses controverses auxquelles elle a donné lieu entre les zootechniciens qui trouvent simple et facile de transformer nos races à l'aide du sang de Durham, et ceux qui voudraient améliorer nos bonnes races indigènes sans en changer les caractères fondamentaux. On n'a pas distingué la spécialisation individuelle de celle qui doit embrasser toute une race. Il est bien différent, néanmoins, de croiser pour obtenir un ou plusieurs sujets en vue d'un but spécial, dont le rôle doit être tout particulier, qui n'auront pas de

11.

postérité, ou d'agir sur toute une race pour la modifier entièrement et en changer les aptitudes.

Quand cette distinction essentielle, qui n'exclut que ce que la théorie de la spécialisation a eu jusqu'à présent de trop absolu et d'inacceptable, sera admise, il n'y aura plus lieu à discussion, et la spécialisation cessera d'être une question d'art ou de goût, d'anglomanie ou d'amour-propre d'initiateur et d'importateur; elle entrera dans le domaine de la pratique raisonnée ; on ne la verra plus seulement dans l'opinion de messieurs tels ou tels, dans l'avenir de telle ou telle race; elle sera devenue alors une question véritablement française, et tout le monde la comprendra.

2° CHOIX D'UNE RACE BOVINE POUR LE LAIT.

Les meilleures vaches appartiennent généralement à des races anciennes et en quelque sorte primitives ; celles de la Hollande, de la Normandie, de la Suisse, de la Bresse, du Morbihan, d'Alderney, en sont des exemples. Cette remarque explique pourquoi les bonnes laitières sont très communes dans certaines contrées et forment l'exception dans d'autres ; elle justifie en même temps cette proposition de Guénon qu'une vache est bonne ou mauvaise en elle-même, et réduit à sa juste valeur la prétention de faire, en quelques années, avec des fourrages, ce que la nature, aidée du climat et du régime, a mis des siècles à produire.

Quand on ne veut obtenir des vaches que la plus grande quantité possible de lait, on doit donner la préférence aux meilleures laitières, quelle que soit leur origine ; telle est la situation du propriétaire qui spécule exclusivement sur le lait, le beurre ou le fromage. Ainsi, que dans le voisinage d'une grande ville, où le lait se vend cher et trouve chaque jour un débouché sûr et avantageux, on préfère toujours des bêtes de très forte taille, exigeantes mais très productives, je le conçois : ici, la position est exceptionnelle, tant pour l'entretien des animaux que pour le placement des produits. Le propriétaire d'une laiterie n'est ni un agriculteur ni un éleveur, c'est un industriel poursuivant un seul but : avoir des instruments puissants de transformation et vendre immédiatement son lait.

Dans le choix des animaux, il ne faut pas toujours s'arrêter à leurs qualités absolues, mais à celles qui se trouvent le plus en harmonie avec les besoins et les exigences de la situation. En agriculture, cette règle ne souffre pas d'exceptions. Ainsi, dans une contrée viticole, et partout où les pâturages sont peu fertiles, les ressources fourragères médiocres, ce serait une faute de s'obstiner à vouloir introduire des animaux volumineux, dont les besoins ne pourraient être largement satisfaits. En de telles conditions économiques, mettre son amour-propre à avoir de grandes vaches, c'est courir à sa ruine. On aurait tort de croire, au reste, que le produit net se trouve en raison de la taille et du poids. Une petite vache de la Flandre, du Holstein, d'Ayr, de la Bresse, de la Bretagne, est relativement plus abondante en lait que la plupart de ces grands animaux, dont les rendements absolus nous étonnent quelquefois.

Lorsqu'une vache doit travailler, il faut qu'à l'aptitude à produire du lait elle joigne la force et l'énergie capables de lui faire supporter la fatigue. Cette réunion de qualités ne se trouve ni dans celle qui n'est bonne qu'à trainer des fardeaux, ni dans la bête dont toute l'activité se trouve en quelque sorte concentrée dans les glandes mammaires.

Ainsi la vache condamnée au travail doit avoir dans le cou, dans les membres, dans l'épaule et dans la poitrine plus de développement et de force que celle qui est appelée à passer sa vie dans un pâturage ou dans une étable. C'est encore une laitière, mais moins parfaite que l'autre. La culture est-elle légère et facile, la vache doit se rapprocher beaucoup de la bonne laitière, le lait devenant, dans ce dernier cas, un produit très important, sinon principal. Au contraire, si les travaux sont pénibles et prolongés, les caractères de force et de vigueur devront dominer, parce qu'alors le lait sera regardé comme un produit accessoire.

Pour aider les agriculteurs dans leurs appréciations ou leurs choix, je vais placer ici un tableau très résumé des races bovines connues, envisagées surtout sous le point de vue de la production du lait.

Tableau résumé des races laitières.

Je ne veux indiquer que les races offrant le plus d'intérêt pour notre pays.

1° Race hollandaise. Pays-Bas, Belgique , Flandre.

Taille moyenne ou au-dessus ; robe rouge , ordinairement pie.

Un peu délicate, exigeante, mangeant bien. Impropre au travail, maigre pendant la lactation, mais toutefois très disposée à l'engraissement.

Rendement supérieur en lait : 20 à 36 litres.

Souche des races françaises de la Flandre , du Boulonnais, de l'Artois, du Bordelais ; des races étrangères de Jersey, Jutland, Oldenbourg, Frise , Holstein, et de presque toutes celles du littoral de la mer du Nord ; probablement aussi de nos races normandes et garonnaises.

2° Race de la Flandre française. Département du Nord (arrondissements d'Hazebrouck , Bergues , Dunkerque . etc.), Pas-de-Calais , Somme.

Taille moyenne ou au-dessus ; formes anguleuses, hanches larges, membres minces ; robe rouge plus ou moins foncée. uniforme ou tachée de blanc.

Excellente laitière : 20 à 25 litres et plus. Pas d'aptitude pour le travail ; exigeante et habituée à la stabulation.

Les races de l'Artois , du Boulonnais, lui ressemblent beaucoup , mais sont généralement moins bonnes laitières.

3° Race bordelaise. Département de la Gironde . ouest de Bordeaux.

Taille moyenne ou au-dessus ; robe pie.

Bonne laitière : 15 à 25 litres. Lait gras. Peu propre au travail et assez exigeante pour la nourriture.

Dérivée de la race hollandaise suivant les uns , de la bretonne , du Morbihan selon d'autres , peut-être de toutes les deux.

4° Races de la Normandie. Deux variétés : 1° Vallée d'Auge , Calvados. Taille au-dessus de la moyenne :

robe mélangée de rouge et de blanc, de blanc et de noir, bigarrée, avec franches ou raies brunes (bringée). Formes lourdes, mal équilibrées ; tête et squelette gros.

Délicate, peu robuste ; d'un engraissement facile.

Riche en bon lait : 18 à 35 litres.

2° Cotentin, Manche. Un peu moins grande que la précédente ; plus fine, plus délicate, aussi productive, peut-être moins disposée à s'engraisser.

5° Race d'Ayr. Sud-ouest de l'Ecosse, environs de Londres.

Taille petite ; robe pie rouge ou noir. Engraisse vite ; sans être très exigeante, veut des soins et une bonne nourriture.

Lait léger, abondant : 10 à 20 litres.

Vient probablement des îles de la Manche et peut-être directement de la petite race du Morbihan.

6° Race bretonne. Morbihan, Côtes-du-Nord, Finistère.

Petite taille, 1ᵐ à 1ᵐ10 dans la vache ; formes régulières, fines, délicates ; squelette mince, membres courts ; poids, 100 à 150 kilog.

Vive, sobre, rustique. Pelage ordinairement noir ou pie.

Excellente laitière : 8 à 15 litres ; lait très bon.

La petite race bretonne se trouve surtout dans le Morbihan. A côté d'elle se rencontre une race améliorée, un peu plus grande, ayant 1ᵐ20 à 1ᵐ30, moins fine, aussi bonne, mais plus exigeante pour son entretien.

Ces races ont de l'analogie avec celle d'Ayr et avec la race irlandaise de Kerry, mais elles sont moins productives et moins propres à l'engraissement que la première et plus fines que l'autre.

Les races des îles de la Manche, Jersey, Alderney, Guernesey, lui ressemblent aussi beaucoup et en sont probablement des dérivés.

7° Races suisses. Deux variétés principales : 1° *Berne, Fribourg, Simmenthal.* Taille et poids forts ; formes belles . régulières, élargies.

Robe pie rouge ou noir , rarement uniforme.

Lait abondant : 18 à 30 litres, de médiocre qualité, caséeux. Marche lourde ; pas d'aptitude au travail ; exigeante pour la quantité plutôt que pour la qualité de la nourriture.

2° *Schwytz et cantons primitifs.* Taille au-dessus de la moyenne. Formes moins ramassées, moins larges que celles de la précédente ; train postérieur plus étroit. Cornes souvent mal placées et dirigées. Robe brune , rougeâtre ou tirant sur le gris, avec raie plus claire le long de l'échine.

Mange beaucoup ; est plus robuste et travaille mieux que la précédente ; lui est égale ou supérieure comme laitière.

Les vaches suisses produisent toujours de gros veaux, souvent dépréciés par les bouchers.

8° Race de Durham. Partie de l'Angleterre, Irlande. Taille moyenne ou au-dessus. Pelage très variable.

Délicate, exigeante, peu féconde, impropre au travail : engraisse aisément et de très bonne heure.

Bonne laitière : 12 à 20 litres ; lait gras.

9° Race bressanne. Sud-ouest des montagnes du Jura , Haute-Bresse, rives de la Saône dans l'Ain , le Rhône . Saône-et-Loire.

Taille très souvent au-dessous de la moyenne, 1^{m}20 à 1^{m}40 ; robe froment, avec ou sans taches blanches ; formes un peu anguleuses ; poitrine sanglée ; encolure maigre ; membres fins ; cornes longues et minces, à courbures prononcées, de couleur claire ; poils rares ; peau fine et grasse.

Bonne laitière : 8 à 15 litres. Bonne beurrière. Délicate au travail.

Une variété plus petite, moins propre encore au travail, et peut-être meilleure laitière, mériterait d'être plus connue.

La vache bressanne ne se distingue pas toujours bien de celle de la Comté.

C'est du mélange des races de la Bresse, du Charolais, de la Comté, que se forme la race indéterminée dite de Villefranche, dans laquelle on rencontre d'excellentes laitières.

10° Races de la Comté. Deux variétés : 1° *femeline*; vallée de la Saône, de l'Ognon, de la Lanterne, de l'Amance ; vallées du Jura.

Taille souvent au-dessous de la moyenne ; formes anguleuses, un peu étroites; robe froment clair, avec ou sans taches blanches.

Bonne laitière : 8 à 15 litres ; lait caséeux. Engraissement facile.

2° Tourache, plateau du Jura, près du Rhône, Pontarlier, Gex, Nantua. Taille moyenne ou au-dessus ; pelage froment, plus ou moins rouge et bigarré.

Inférieure comme laitière à la précédente ; travaille mieux.

11° Races des Pyrénées. 1° De Lourdes, vallée de Lourdes.

Taille moyenne ou au-dessous ; robe froment clair ou roux. Sobre, robuste.

Bonne laitière : 8 à 15 litres.

2° De Saint-Girons, autour de Saint-Girons. Taille moyenne ou au-dessous ; robe fauve, plus ou moins foncée ou grise.

Un peu inférieure à la précédente pour la production du lait.

12° Races du Poitou, de la Vendée. 1° Race de Chollet, du Bocage. Taille moyenne; robe claire ou rouge uniforme ; formes basses, élargies ; squelette peu développé.

Bonne laitière : 8 à 15 litres. Disposée à l'engraissement.

2° Maraîchaine. Marais de la Vendée ou voisinage de l'Océan. Plus grande, moins bonne que la précédente.

La vache de Parthenay ou de la Gâtine, appelée parfois, mais improprement, bretonne, est plus petite, mais aussi bonne laitière que celle de Chollet.

13° Races mancelle, angevine. Mayenne, Sarthe, bassin du Loir.

Taille moyenne ou au-dessus ; corps épais ; encolure forte ; squelette et membres un peu gros ; robe froment foncé ou pie, parfois brune ou noire, avec tête ou face plus ou moins blanche.

Médiocre laitière. Travaille assez bien.

14° Races de l'Auvergne. 1° De Salers, Haute-Auvergne, Cantal, arrondissement de Mauriac, environs de Salers.

Taille moyenne ou au-dessus ; formes un peu étroites ; robe rouge acajou, ordinairement uniforme, plus rarement pie rouge.

Robuste, assez sobre, assez bonne laitière : 8 à 15 litres et parfois plus ; lait de bonne qualité, caséeux. S'engraisse bien.

La race d'Aubrac ou de Laguiole, celles de Ségala ou Causse, du Mezenc, la race aux formes massives et lourdes du Puy-de-Dôme et de la Limagne, celle de la Lozère, sont toutes propres au travail, mais inférieures pour le lait et la graisse aux bons animaux de Salers.

La race forézienne, d'une taille moyenne ou au-dessous, avec un pelage bigarré, rouge et blanc, très répandue dans la Loire et le Rhône, est robuste et sobre, mais en général médiocre laitière.

Je ne ferai plus que citer les suivantes :

Races garonnaises. Première variété, dite *agenaise* ; deuxième variété, dite *garonnaise*. Taille moyenne ou au-dessus ; médiocres laitières. Lot-et-Garonne, Haute-Garonne. La sous-race de Bazas leur est préférable pour le lait.

Race limousine. Creuse, Vienne, Haute-Vienne, Quercy, Périgord. Taille moyenne ; sobre, propre au travail, très médiocre laitière.

Race bourbonnaise. Allier, Loire. Mêmes aptitudes.

Races charolaise, nivernaise. Saône-et-Loire, Nièvre, Cher, Rhône. Taille moyenne ou au-dessous ; robe froment plus ou moins clair.

Agile, sobre, travaille bien ; très médiocre laitière ; s'engraisse bien et de bonne heure.

3° AMÉLIORATION DES RACES AU POINT DE VUE DE LA PRODUCTION DU LAIT.

Une race locale a toujours sa raison d'être, mais elle peut et doit se modifier avec les circonstances extérieures. Il n'est pas toujours facile ni toujours bon de chercher à lui substituer une autre race paraissant meilleure. Pas de préférence absolue, dit avec raison M. Magne, pour les petites ou les grandes races ; celles-ci peuvent se perdre là où les premières prospéreraient.

Comme moyen d'améliorer les races bovines, on a proposé la *sélection* et le *croisement*.

Ce qui s'oppose au perfectionnement progressif de nos races, c'est surtout le peu de soins ou d'habileté que l'on apporte dans le choix des reproducteurs. Guénon demandait que l'on accouplât autant que possible des taureaux bien marqués avec des vaches de premier ordre ; il est certain que si l'on donnait toujours la préférence pour la reproduction aux bons taureaux, aux meilleures laitières, nos races s'amélioreraient vite, et sans perdre leurs aptitudes utilisables, elles se rapprocheraient des races plus parfaites, avec lesquelles alors on pourrait les allier sûrement en vue de besoins spéciaux.

Un bon choix de reproducteurs ne suffit pas néanmoins pour perfectionner réellement, pour assurer le maintien des qualités acquises ou développées ; il faut un bon régime. Si l'on veut qu'un jeune animal prospère, on doit le bien soigner ; toute négligence dans l'entretien, toute privation ou souffrance imprime sa trace dans la conformation, le volume et les qualités des individus, et plus tard le cultivateur porte la peine de sa faute ou de son ignorance.

Avant de songer à opérer des croisements avec des animaux de races éminemment laitières, comme celles d'Ayr, de la Hollande ou de la Suisse, le cultivateur doit se demander s'il pourra se procurer, sans se ruiner, ces fameux animaux qui viennent s'aligner si libéralement sous la plume de nos habiles théoriciens, et puis ce que deviendront les produits nés de ces croisements. Questions embarrassantes que l'on se garde bien de soulever ; autrement, que deviendraient tant de belles théories, tant de belles réputations fondées sur ce sable mouvant ? Restons dans les faits actuels : quel exemple pourrait-on fournir du succès des croisements avec les taureaux suisses ? Aucun de concluant peut-être, et pourtant combien de taureaux de Fribourg et de Schwytz ont passé les Alpes et le Jura

depuis trente années ! Je n'ai jamais vu ces croise-
sements réussir au-delà de la première génération,
et encore la plupart des vaches bâtardes qui en étaient
nées ne valaient pas, pour le lait, une petite bête bressanne du poids de 150 à 200 kilog., mais en revanche
elles mangeaient beaucoup plus.

« Je ne puis trop, dit M. Collot, prémunir les éle-
» veurs contre l'engouement aveugle qui se manifeste
» pour les races étrangères, car nous avons en France
» des races que les étrangers eux-mêmes nous envient.
» Bien souvent ceux qui prônent le bétail étranger le
» connaissent mal ; ils se sont laissé séduire par le
» premier coup d'œil, l'expérience ne les a pas éclairés,
» et ces appels au progrès, ces conseils aventurés
» causent, par la perte qu'ils produisent, par les désil-
» lusions qu'ils amènent, le plus grand tort à l'agri-
» culture : le découragement saisit l'agriculteur intel-
» ligent et progressif ; il abandonne la partie et livre
» un exemple et un argument de plus aux hommes
» ignorants et routiniers. »

Combien d'essais dans ce genre et dans d'autres,
entrepris sur la foi de quelques brillants écrits, ont eu
ce résultat ou quelques chose d'approchant !

C'est pour cela que dans le département du Rhône,
où l'on n'élève guère, où presque partout les vaches
travaillent et ne sont livrées à la reproduction qu'afin
de ramener l'activité des mamelles, j'ai prôné exclusivement les races charolaise, bressanne, comtoise,
auvergnate. Je ne repousse pas d'une manière absolue
les croisements judicieux de nos races indigènes avec

des types étrangers supérieurs, mais je ne voudrais pas les voir présenter comme une panacée universelle et une nécessité pour notre agriculture. Je répéterai ici ce que j'ai dit plus haut en parlant de la spécialisation : il ne faut pas confondre l'amélioration individuelle avec le perfectionnement des races. Autre chose est d'opérer un croisement qui s'arrête à l'animal produit, et dont les effets immédiats, faciles à apprécier, n'engagent pas l'avenir; autre chose est de poursuivre une transformation.

Je conçois l'importation de toute pièce dans une exploitation d'une race laitière, si cette importation est économiquement possible, si les conditions de la conservation des aptitudes existent, quelques sacrifices qu'elles exigent; je ne comprends pas du tout, comme opération générale, les croisements dont on parle tant, et surtout je ne puis approuver les croisements faits aujourd'hui avec des taureaux métis, en vue de la production du lait. C'est parce que j'ai vu de près les nécessités et les exigences de la pratique, que j'ose exprimer sur tout cela mon opinion. Si on l'attribuait à l'ignorance, je me croirais en droit de ne pas accepter l'imputation.

— FIN.

TABLE DES MATIÈRES.

CHAPITRE III.

CHAPITRE IV.

CHAPITRE V.

FIN DE LA TABLE.

Lyon. — Typ. NIGON, rue Dubois, 7.

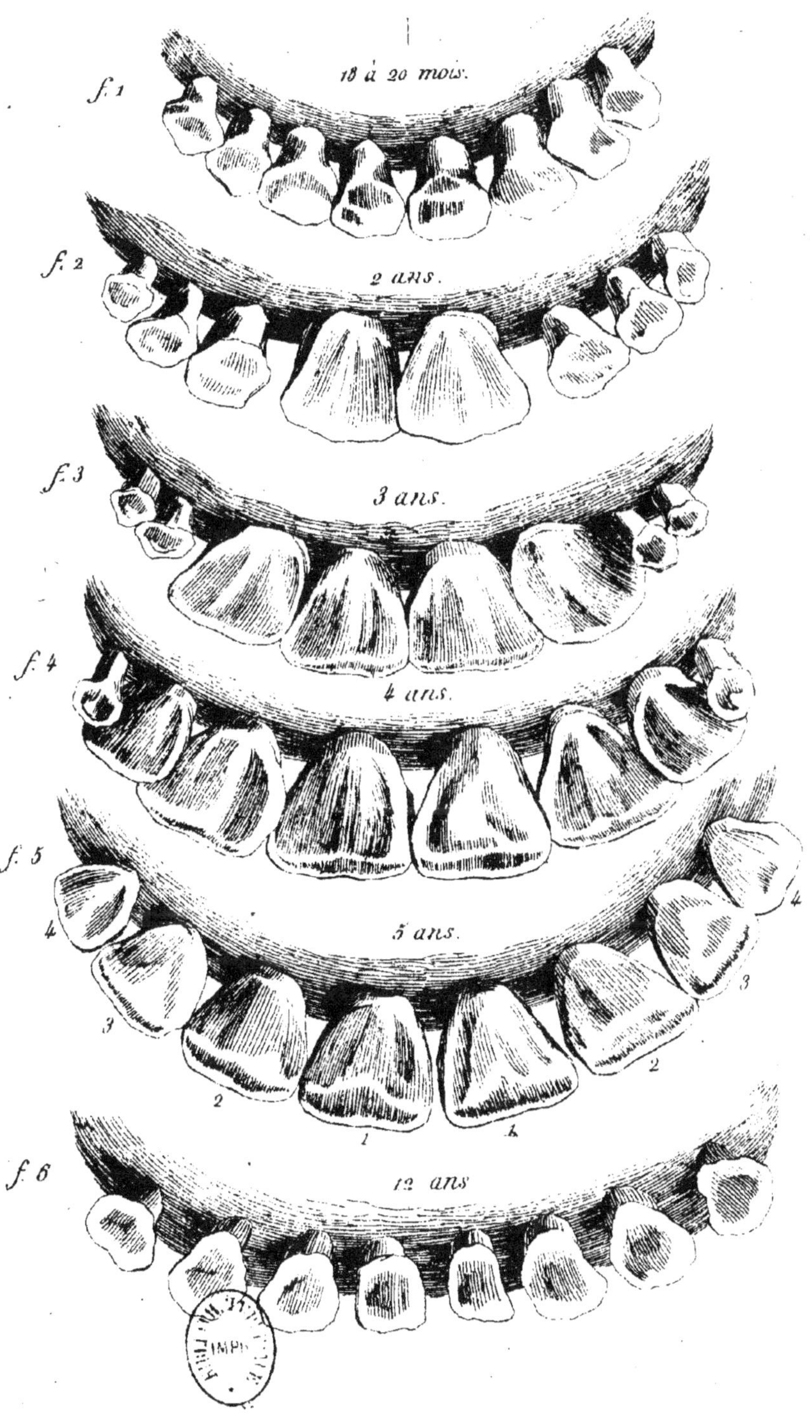
f. 1
18 à 20 mois.
f. 2
2 ans.
f. 3
3 ans.
f. 4
4 ans.
f. 5
5 ans.
4
3
2
4
3
2
1
1
f. 6
12 ans

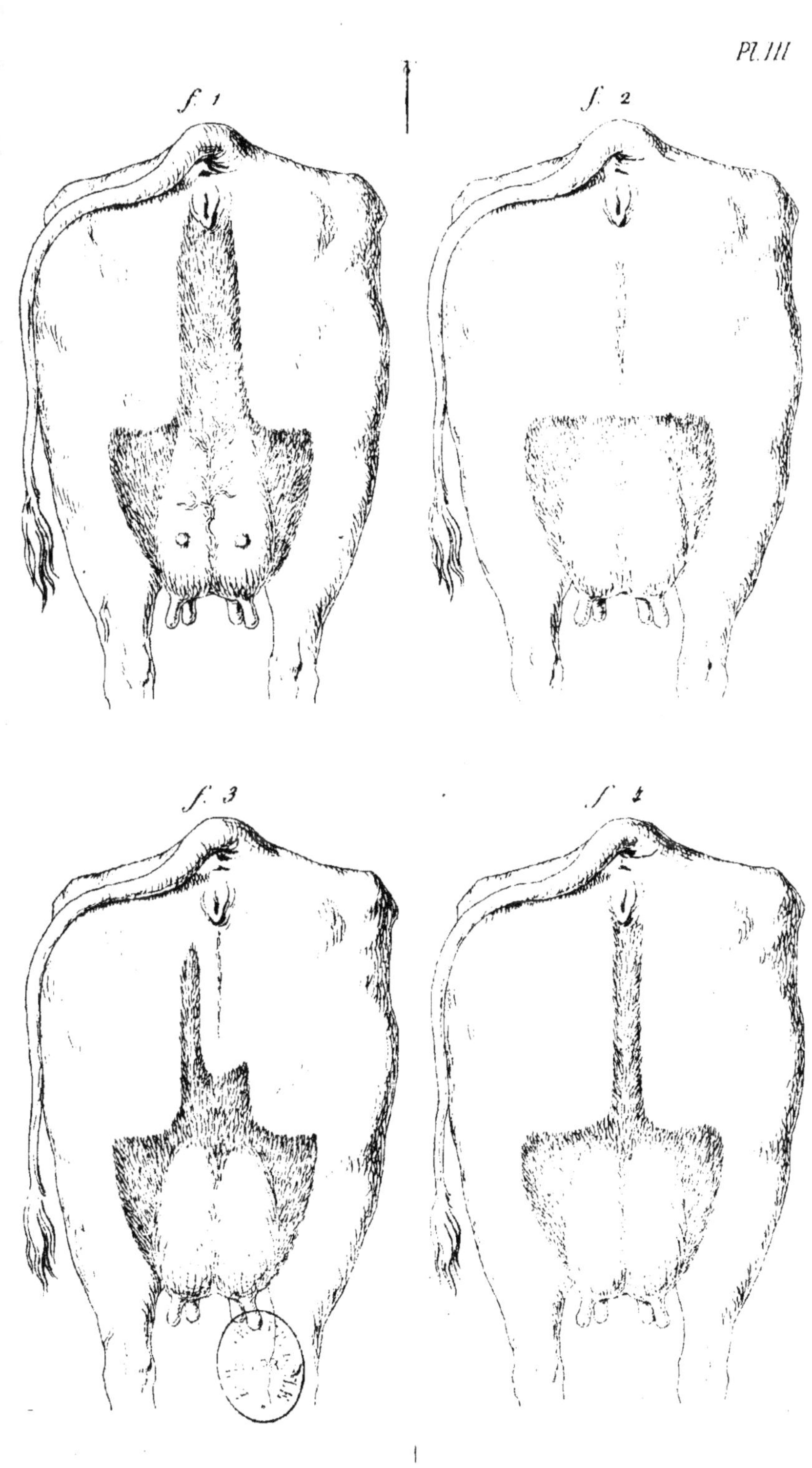
f. 1
f. 2
f. 3
f. 4

f. 1 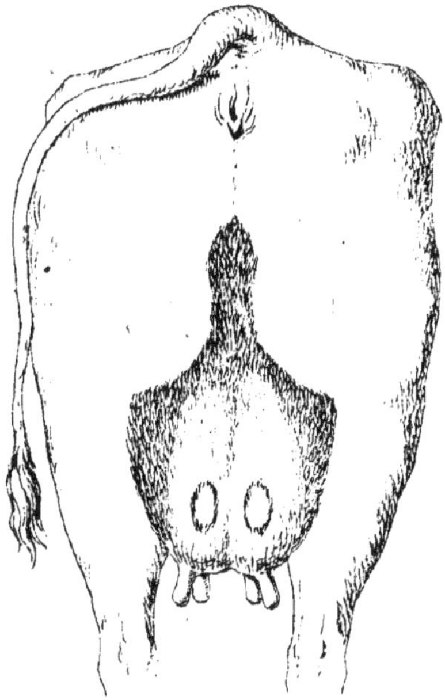
f. 2 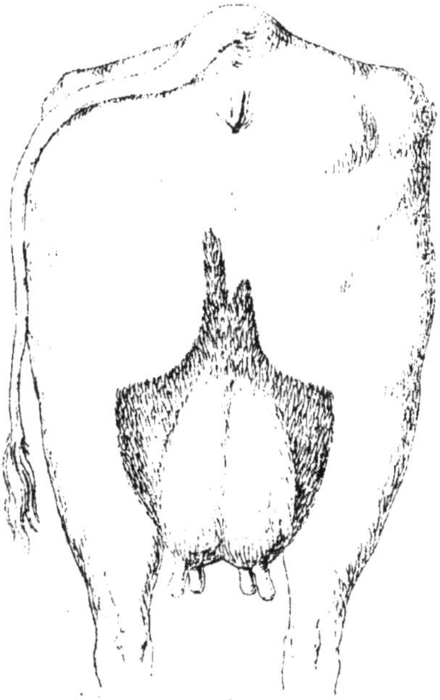
f. 3 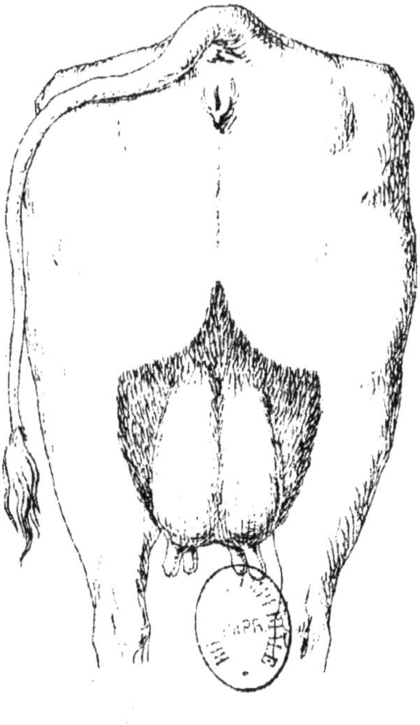
f. 4

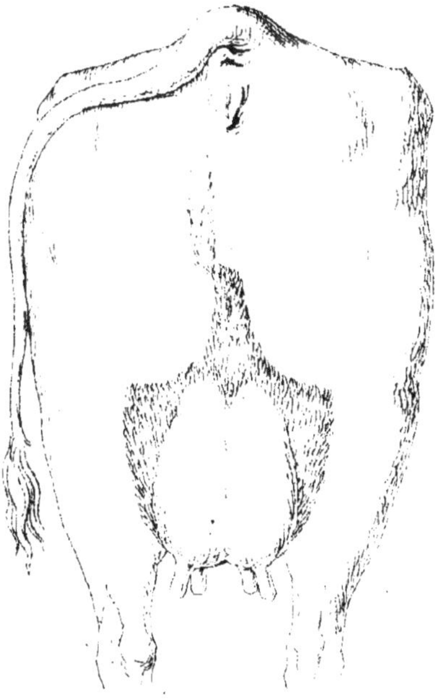

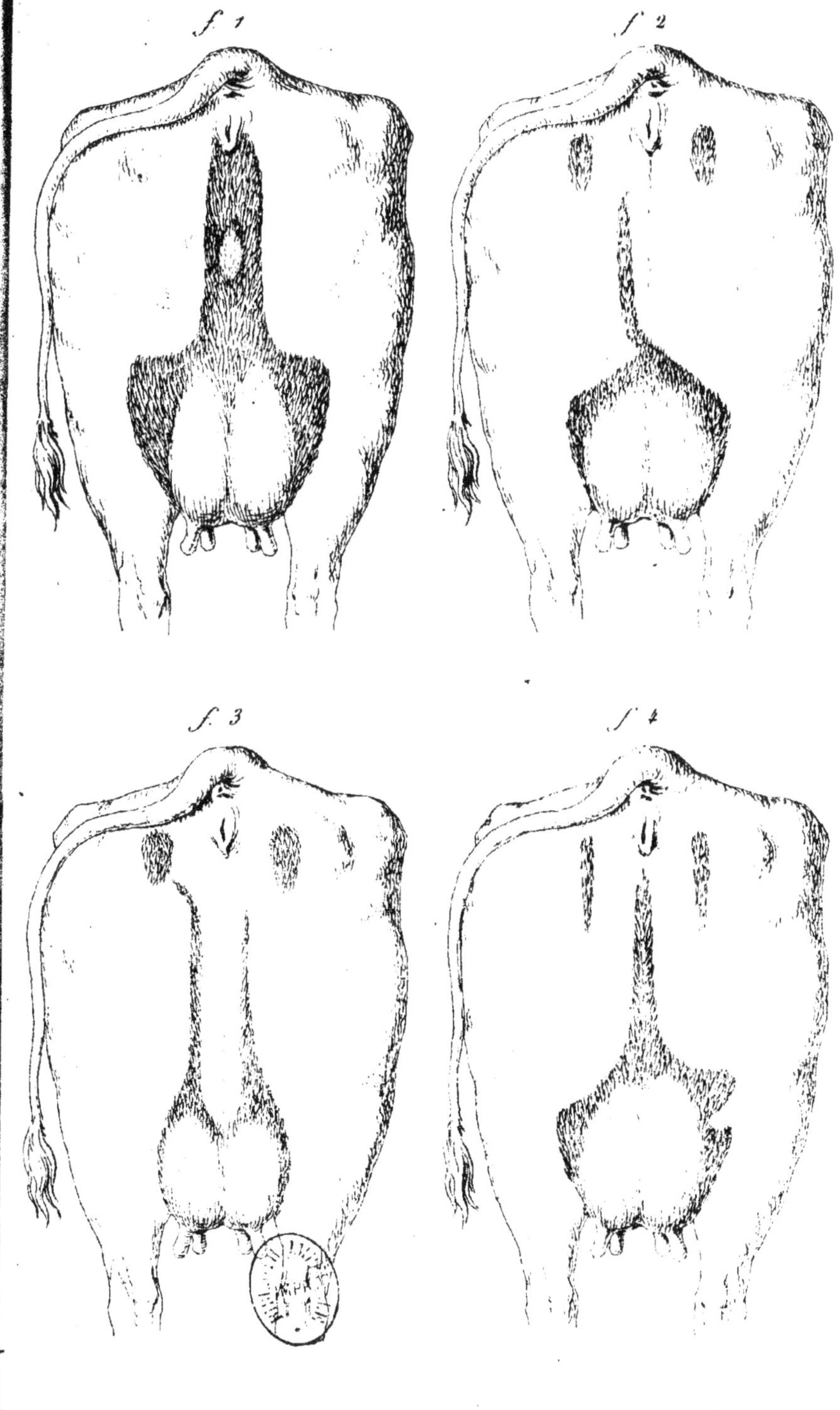
f. 1
f. 2
f. 3
f. 4